M. M. von Weber

Das Telegraphen und Signalwesen der Eisenbahnen

M. M. von Weber

Das Telegraphen und Signalwesen der Eisenbahnen

ISBN/EAN: 9783742861573

Hergestellt in Europa, USA, Kanada, Australien, Japan

Cover: Foto ©Andreas Hilbeck / pixelio.de

Manufactured and distributed by brebook publishing software
(www.brebook.com)

M. M. von Weber

Das Telegraphen und Signalwesen der Eisenbahnen

zu

M. M. FREIH. von WEBER'S

Telegraphen- und Signalwesen

der

EISENBAHNEN.

Gezeichnet

von Studirenden der Jngenieurschule

des k. Polÿtechnicums in Stuttgart

mit Text

und Quellenangaben zum Selbststudium

versehen

von

Sonne,

Baurath, Professor am Stuttgarter Polytechnicum

—⧫—

1869.

Stuttgart, J. B. Metzler'sche Buchhandlung

Atlas

zu

M. M. Freih. von Weber's

„Das Telegraphen- und Signalwesen der Eisenbahnen."

(J. B. Metzler'sche Buchhandlung in Stuttgart.)

———

Die vorliegenden Zeichnungen, welche die wichtigsten der gebräuchlichen Signalvorrichtungen für Eisenbahnen darstellen, wurden von Studirenden der Ingenieurwissenschaft am Königl. Polytechnikum zu Stuttgart im Jahre 1868 angefertigt und sind zunächst für die Zwecke des Unterrichts bestimmt. Um die Kosten der Vervielfältigung möglichst einzuschränken, wurden dieselben autographirt. Hierdurch musste die Eleganz der Zeichnungen nothwendig leiden, indess dürften dieselben immerhin noch brauchbar geblieben sein.

Zwei Gründe veranlassten den Unterzeichneten, die auf genannte Weise entstandene Sammlung im Wege des Buchhandels einem grössern Publikum zugänglich zu machen.

Erstens ist anzunehmen, dass manchem Techniker bei Benutzung des v. Weber'schen Werkes über das Telegraphen- und Signalwesen der Eisenbahnen eine Erläuterung der beschriebenen Konstruktionen durch Zeichnungen willkommen sein wird, ein Punkt, den auch der Herr Verfasser im Vorwort (p. VII) berücksichtigt [*].

Zweitens hat seitens des Herrn Eisenbahn-Direktors v. Weber das kleine Unternehmen des Unterzeichneten einer so wirksamen Unterstützung sich zu erfreuen gehabt, dass der vorliegende Atlas die Darstellung zahlreicher, bislang noch nicht veröffentlichter Konstruktionen enthält. — Die Zeichnungen, welche nach Originalen angefertigt wurden, die Herr Eisenbahn-Direktor v. Weber dem Herausgeber zur Verfügung zu stellen die Güte hatte, sind folgende:

Blatt 2, Fig. 1 und 2. Weichensignal englischer Bahnen,

Blatt 5. Bender'sches Pfeifsignal,

Blatt 8. Englische Semaphoren und Semaphoren der Sächsischen Oestlichen Staatsbahn,

Blatt 11. Einfahr-Signal der Rheinischen Bahn,

Blatt 15, Fig. 12. Stellhebel an Distanzsignalen der Sächsischen Oestlichen Staatsbahn,

Blatt 15, Fig. 13 und 14. Sicherungsvorrichtung bei Neuss,

Blatt 16. Concentrirte Weichen- und Signalzüge. Englische Systeme,

Blatt 19, Fig. 1 bis 3. Läutevorrichtung an Drahtzug-Barrieren der Sächsischen Oestlichen Staatsbahn, und

Blatt 24. Neuere Läutewerke für Bahnwärter von Siemens und Halske.

Es wäre nun leicht möglich gewesen, der Sammlung eine grössere Ausdehnung zu geben, wie sie erhalten hat, in Rücksicht auf den Kostenpunkt musste indess hiervon Abstand genommen werden. Dagegen sind Nachweise über Illustrationen, welche sich in leicht zugänglichen technischen Zeitschriften u. s. w. [**] finden, in der weiter folgenden Uebersicht enthalten, die zugleich den Hinweis auf diejenigen Stellen in v. Weber's Werke liefert, welche durch Zeichnungen im Atlas illustrirt sind.

Ferner glaubte der Unterzeichnete eine kurze Beschreibung der Zeichnungen beifügen zu sollen. Die wesentlichen Punkte der Konstruktionen sind zwar in v. Weber's Werk das Klarste erörtert. Es blieben aber an verschiedenen Stellen Einzelheiten hervorzuheben und wird namentlich jüngern Technikern, welche den Atlas für die Zwecke des Selbststudiums zur Hand nehmen, die Beschreibung der Zeichnungen wohl nicht unwillkommen sein.

Stuttgart, im September 1868.

Sonne.

———

[*] „Vielleicht hätte seinterer (der Zweck des Werkes) vollkommener durch Beigabe eines darstellenden Atlas erreicht werden können, der vieles Interessante zu bieten geeignet gewesen wäre, aber Herstellungs- und Verkaufspreis des Buches ungebührend erhöht haben würde."

[**] Zeichnungen, welche sich in grössern Arbeiten über Telegraphen- und Signalwesen finden, sind in der Uebersicht nicht berücksichtigt und sind als solche Arbeiten namhaft zu machen:

Brame. Étude sur les signaux de chemins de fer à double voie. Paris. Dunod.

Schellen. Der electromagnetische Telegraph. 3te Aufl. Braunschweig. Vieweg.

Bericht über die Weltausstellung zu Paris im Jahre 1867. Herausgegeben durch das k. k. österr. Central-Comité. 2te Lieferung. Heft V. Verkehrsmittel. Wien. Braumüller.

1

Uebersicht

derjenigen Stellen in M. M. Freih. von Weber's
„Das Telegraphen- und Signalwesen der Eisenbahnen",
zu denen im Atlas oder in technischen Zeitschriften Illustrationen zu finden sind.

Seite des Buches	Gegenstand	Illustrirt	
		im Atlas.	in technischen Zeitschriften.

Erster Abschnitt.
Skizze der Geschichte der Telegraphie.

8	Optischer Telegraph der Gebrüder Chappe		Förster's Bauz. 1848. Bl. 199, Fig. 1 u. 2.
14	Telegraph von Gauss und Weber		das. 1848. Bl. 203, Fig. 1.
„	Steinheils Telegraph		das. 1848. Bl. 204, Fig. 6.
16	Morse's Apparat		das. 1848. Bl. 200. Schöne Zeichnungen (natürliche Grösse) in Etzel Oesterr. Eisenb. II. Band, Bl. 42—45.
„	Schriftzeichen des Morse'schen Telegraphen-Systems		Organ f. d. Fortschr. d. Eisenbahnwesens. 1862. p. 53.

Zweiter Abschnitt.
Geschichte des Telegraphen- und Signalwesens der Eisenbahnen.

28	Aeltere Formen der Scheibensignale in England		Förster's Bauz. 1848. Bl. 199, Fig. 3—5.
33	Wheatstone-Cooke'scher Fünfnadel-Apparat		das. 1848. Bl. 204, Fig. 4 u. 5.
35	Pneumatischer Signal-Apparat der geneigten Ebene bei Elberfeld		das. 1843. Bl. DIX, Fig. 1.
50	Aeltere Formen der englischen Distanzsignale		das. 1848. Bl. 199, Fig. 17—20.
54	Compensationsvorrichtung an Distanzsignalzügen von Stœrrock	Bl. 13, Fig. 1 u. 2.	
„	dsgl. von Julien	Bl. 14, Fig. 4—6.	
55	dsgl. von Robert u. A.	Bl. 12, Fig. 1—4.	
„	dsgl. von Stevens	Bl. 14, Fig. 7.	
„	dsgl. des Chemins de fer de l'Est	Bl. 14, Fig. 1—3.	
56	Aeltere Konstruktionen der Flügelsignale (Semaphoren)		das. 1848. Bl. 199, Fig. 7—9.
„	Concentrirte Weichen- und Signal-Bewegungsmechanismen (ältere Konstruktionen)	Bl. 16.	
58	dsgl. von Anderson, Stevens und Saxby	Bl. 17.	
„	dsgl. (neuere einfache Konstruktion)		Organ. 1868. Tf. XIII, Fig. 20 u. 21.
60	Hydraulischer Bewegungs-Apparat für Distanzsignale		Zeitung des Vereins deutscher Eisenbahnverw. 1862, p. 291.
„	Zeitdistanzsignale mit Cataract-Steuerung		Organ. 1859. Tf. XV, Fig. 2 ff.
61	Zugindicator		Förster's Bauz. 1848. Bl. 199, Fig. 6.
64	Nadeltelegraph für Cooke's Blocksystem	Bl. 22, Fig. 1—3.	
75	Französische Distanzsignale (Wendescheiben) in ursprünglicher Form	Bl. 10.	
76	Wendescheiben mit fester Laterne	Bl. 9, Fig. 3—6 u. Fig. 7—9.	
77	Repetitionssignale	Bl. 15, Fig. 1—11.	

Dritter Abschnitt.

Dermaliger Zustand des Eisenbahn-Signal- und Telegraphenwesens.

Beschreibung der Zeichnungen.

I. Weichensignale.

Blatt 1.

Fig. 1 bis 4. Weichensignale der badischen Bahnen (entnommen aus „Sammlung ausgeführter Konstruktionen aus dem Gebiete des Strassen-, Wasser- und Eisenbahnbaues. Carlsruhe 1859“, und aus „Die badische Odenwaldbahn“). Die badischen Signalscheiben werden beim Verstellen der Weiche um 90° gedreht, wie die Braunschweig'schen Scheiben, welche v. Weber p. 176 beschreibt. Die letztern sind indess viereckig und auf einer niedrigern Stange befestigt.

Die Vorrichtung zum Drehen der Scheibe besteht, wie Fig. 1 a ausweist, aus einem von der Weichenbockstange abzweigenden leichten Arme, welcher an einem Ansatz der Signalstange angreift. Die Laterne wird bei dem in Fig. 1 und 2 dargestellten Signal an einem Haken aufgehängt.

Fig. 5—7. Hannover'sches Weichensignal (entnommen aus der hannover'schen technischen Dienstanweisung), für Gasbeleuchtung eingerichtet. Dasselbe hat in der dargestellten Form Kreuzscheiben, welche über der Laterne angebracht sind. Die Drehung erfolgt durch ein verzahntes Segment und ein conisches Rad um 180°. Die in der vorderen Ansicht (Fig. 5) sichtbare Scheibe ist auf der einen Seite grün und auf der andern weiss gestrichen, die normal zu derselben gerichtete Scheibe (in der Seitenansicht Fig. 6 sichtbar) auf beiden Seiten roth. Die Laterne ist mit entsprechend gefärbten Gläsern versehen. Das Sichtbarwerden der rothen Scheibe soll dem Führer die Stellung der Weiche „auf Halb“ anzeigen.

Auf Bahnhöfen, welche keine Einrichtung zu Gasbeleuchtung haben, ist die Laternenstütze über der Kreuzscheibe angebracht, auch hat man die beiden Scheiben oft unter einander und nicht, wie die Zeichnung angibt, in gleiche Höhe gesetzt.

Ueber das ähnliche Signal der Bergisch-Märkischen Bahn vergl. v. Weber p. 176.

Blatt 2.

Fig. 1 und 2. Weichensignal englischer Bahnen. Beschreibung desselben s. v. Weber, p. 179. Die Stelle für die Laterne ist durch ein L bezeichnet.

Fig. 3. Signal der französischen Nordbahnen (aus „Brame. Étude sur les signaux de chemins de fer à double voie“). Beschreibung s. v. Weber p. 181.

Fig. 4 bis 7. Transparentes Signal (aus „Heusinger von Waldegg. Die eiserne Eisenbahn“). Dies Signal, welches beim Verstellen der Weiche um 90° gedreht wird, ist ähnlich wie das der Rheinischen Bahn, beschrieben v. Weber p. 177. Es hat mit allen im Folgenden zu erwähnenden Signalen das Gemeinsame, dass bei Tage und bei Nacht dieselben Zeichen erscheinen, während die sämmtlichen bislang aufgeführten Signalvorrichtungen am Tage andere Zeichen geben wie bei Nacht.

Eine ganz ähnliche Konstruktion ist dargestellt: Organ für die Fortschritte des Eisenbahnwesens, 1867, Tafel XVII.

Fig. 8 und 9. Spiegelsignal der französischen Ostbahnen (aus Goschler. Traité pratique de l'exploitation et de l'entretien des chemins de fer). Beschreibung daselbst und v. Weber p. 180.

Blatt 4 und 5.
Bender'sches Weichensignal.

Auf Blatt 4 findet man Grundriss (Fig 1) und 2 Ansichten (Fig. 2 und 3) der Bender'schen Scheibe nebst Weichenbock, wie dieselben in „Etzel, Oesterr. Eisenbahnen“ dargestellt sind. Beschreibung siehe v. Weber p. 178.

Beachtenswerth ist namentlich die Art und Weise, wie die Bewegung vom Weichenbock auf das Signal übertragen wird. Die Hülse h ist verstellbar und kann somit die Stellung der Signalscheibe leicht regulirt werden. Auch verursacht diese Art der Bewegungsübertragung nur wenig Reibung.

Blatt 5 zeigt das Bender'sche Weichensignal in seiner neuern, vervollkommneten Form (vergl. v. Weber p. 103) und zwar:

Fig. 1 die halbe Seitenansicht,
Fig. 2 den halben Verticalschnitt,
Fig. 3 die vordere Ansicht,
Fig. 4 den halben Grundriss und
Fig. 5 einen Horizontalschnitt durch die Mitte des Pfeils.

Ueber die Konstruktion der Kurve der Rotationsfläche bei Bender'schen runden Scheiben vrgl. Zeitschrift d. hannover. Arch. und Ing.-Vereins, 1863, p. 79

und ferner über sonstige Weichensignale:

Organ, 1864, p. 176. Neue Signalscheibe für Weichen (jalousieartig durchbrochen, daher bei Beleuchtung der Rückseite das Licht reflektirend); auch

Organ, 1867, p. 20. Reisenotizen über amerikanische Bahnen (Einfache amerikanische Weichensignale).

II. Semaphoren, optische Telegraphen und Wendescheiben.

Blatt 5.

In den Figuren 1 bis 6 ist als ein Beispiel der complicirten Einrichtung älterer, deutscher, optischer Telegraphen der optische Telegraph der Braunschweig'schen Bahnen dargestellt, entnommen aus „Beschreibung der Bauwerke der Herzoglich Braunschw. Südbahn. Braunschweig. Vieweg", und zwar:

in Fig. 1 die Gesammtansicht des Telegraphen,

in Fig. 2 die Seitenansicht der um eine horizontale Axe drehbaren Haltscheibe,

in Fig. 3 die Ansicht der Signallaterne,

in Fig. 4 der Oelbehälter und die Lampe derselben,

in Fig. 5 und 6 die Schnitte des eisernen Telegraphenmastes.

Specielle Beschreibung und Kostenangabe s. im genannten Werke p. 56, erstere auch v. Weber p. 47 und p. 168.

Die Figuren 7, 8 und 9 zeigen den Treutler'schen Tag- und Nachttelegraphen in zwei Ansichten und dem Detail der Spiegelarme (vrgl. v. Weber p. 194). Die Zeichnung ist entnommen aus Eisenbahnzeitung, 1845, p. 336. (Man vrgl. auch daselbst 1845, p. 161 und 1847, p. 124.) Die punktirten Linien in Fig. 8 deuten die verschiedenen Stellungen der Flügel an.

Blatt 6.

In den Figuren 1 bis 12 ist als Beispiel eines einflügelichen optischen Telegraphen (vrgl. v. Weber p. 169) der Telegraph der Ruhr-Sieg-Bahn dargestellt, entnommen aus dem Organ für die Fortschr. d. Eisenbahnw. 1867, Tafel XIX.

Es zeigen:

Fig. 1 und 2 die Ansichten des Telegraphen, resp. den Verticalschnitt durch den eisernen Telegraphenmast, der letztere ist aus Fig. 5 in grösserm Maasstabe ersichtlich;

Fig. 3, 4 und 6 die Details des Flügels, welcher aus einem Rahmen von Flacheisen mit einer Füllung von durchlöchertem Eisenblech hergestellt wird;

Fig. 7 die Spannvorrichtung für die Zugdrähte;

Fig. 8, 9 und 10 die Details der untern Kettentrommel, die auf ihrer Rückseite mit acht gleichmässig vertheilten Einschnitten versehen ist, in welche ein Zahn der Sperrklinke F sich einlegt;

Fig. 11 und 12 die Details des Fusses des Telegraphenmastes.

Endlich ist in Fig. 13 die normale Stellung des Telegraphen gegen das Wärterhaus dargestellt. (Weiteres s. Organ 1867, p. 250.)

Fig. 14. Semaphore der Lyoner Bahnen (vrgl. v. Weber p. 175 und 195). Die Zeichnung ist entnommen aus „Brame. Étude sur les signaux etc."

Die Arme sind aussen roth, innen weiss bemalt, wie auch bei den englischen Semaphoren gebräuchlich (vrgl. Blatt 8). Die Bedeutung der Stellungen derselben ist in die Figur eingetragen. Verticaler Arm (Nachts: weisses Licht) bedeutet „Bahn frei."

Während bei dem in der Figur vollständig sichtbaren Arme das rothe Glas oben und das grüne unten angebracht ist, hat der Arm, welcher zum Theil verdeckt erscheint, das grüne Glas oben und das rothe unten. Eine Laterne dient für beide Arme.

Die Kette wird mit einem Ringe r in einen Haken h gehängt, wenn die Laterne oben ist. Rechts ist eine Feder f angebracht, damit die Laterne bei raschem Hinablassen nicht beschädigt wird.

Blatt 7.

Optische Telegraphen und Stationssignale der Vorpommer'schen Bahn, in ähnlicher Weise auch bei der Berlin-Anhaltischen Bahn und bei der Schlesischen Gebirgsbahn eingeführt (vrgl. v. Weber p. 138, 172 und 195). Die Zeichnung ist entnommen aus Zeitschr. f. Bauwesen, 1863, Bl. O, woselbst (p. 474) eine detaillirte Beschreibung des Gebrauchs des Telegraphen sich findet. (Im Auszuge auch Organ, 1864, p. 89.)

Fig. 1 und 2 sind die Ansichten des Stationsdeckungssignals nebst der Vorrichtung zur Bewegung desselben vom Wärterposten aus. Diese Signale sind 75 bis 200ᵐ von den Ausgangsweichen entfernt aufgestellt.

Fig. 2 ist die Ansicht von der Station aus, während Fig. 3 die Laterne mit ihren Blenden darstellt, wie sie an der von der Station abgekehrten Seite der Signalvorrichtung erscheint. Fig. 4 ist ein Grundriss der Laterne mit ihren Blenden.

Die Handhabung der Signalvorrichtung geschieht entsprechend dem vom Stationsvorstand durch einen Perron-Telegraphen ertheilten Commando.

Wenn das Einfahrsignal gegeben wird, zu welchem Ende man den dem ankommenden Führer rechts erscheinenden Arm hebt, so entfernt sich an der Seite des ankommenden Zuges die rothe Blende von der Laterne. Gleichzeitig wird durch einen an der durchgehenden Welle der Blenden befindlichen Mitnehmer eine grüne Scheibe vor die innere Seite der Laterne gebracht, zur Avertirung des Stationsvorstandes, dass das Einfahrsignal gegeben. Dagegen wird durch den Drahtzug für die innere Blende, der an einem Hebel von halber Länge wirkt, also eine doppelt so grosse Bewegung verursacht, sowohl die rothe, wie die grüne Blende von der innern Seite entfernt, so dass das weisse Licht sichtbar wird, als Fahrsignal für den abgehenden Zug; dabei bleibt die rothe Blende vor der äussern Seite der Laterne.

Die Bewegung der Arme und zugleich auch der Blenden bewirkt der Wärter durch zwei Tritt- und Handhebel, von denen der eine mit „Zug ein", der andere mit „Zug aus" bezeichnet ist. Das Gewicht der Flügel und Blenden lässt dieselben sofort wieder in die normale Lage zurückkehren, wenn das Anziehen der Hebel aufhört.

Die Figuren 5 bis 7 stellen die Telegraphen der freien Bahn vor in zwei Ansichten und einem Grundriss der Laterne. Dieselben unterscheiden sich von den Stationsdeckungssignalen durch die Abwesenheit der Flügelfänger, sowie dadurch, dass die Arme leichter und kürzer sind.

Mit diesen Vorrichtungen werden nur die Signale „Bahn frei" und „Halt" gegeben. Zur Herstellung des Langsamfahrsignals bedient man sich grüner Laternen und Korbscheiben, welche vom Telegraphen isolirt sind.

Blatt 8.

Die Figuren 1 bis 3 zeigen die Konstruktion englischer Semaphoren (vergl. v. Weber p. 175 und 195). Fig. 1 und 2 sind Stationsdeckungssignale (Double Station-Signals).

Fig. 1 zeigt die Stellung beider Arme auf Halt und ist zum Verständniss des Spiels der Arme und der Coulisse vor der Laterne zu bemerken, dass auf den englischen Bahnen links gefahren wird, so dass für den Führer der linke (roth angestrichene) Arm gilt.

Fig. 2 ist dagegen so angeordnet, wie für Bahnen, auf denen rechts gefahren wird, erforderlich sein würde. Der rechte Arm zeigt „Halt!", der linke Arm wird von dem in seiner obern Partie geschlitzten Telegraphenmast verdeckt. Die Laterne wird mit Hülfe einer Kettentrommel bewegt, deren Kurbel der Wärter in Verwahrung hat.

Fig. 3 zeigt ein Distanzsignal (Auxiliary Signal, Distance Signal), wie es, soweit dem Verfasser bekannt, in England vorzugsweise dazu gebraucht wird, um die vor dem Hauptsignale haltenden Züge im Rücken zu decken, ausserdem aber auch, um den Führer von der Stellung des Hauptsignals rechtzeitig zu avertiren (vergl. auch Blatt 17, Fig. 1).

Beachtenswerth ist namentlich noch die Konstruktion der Signallaternen, welche für Kerzenbrand eingerichtet sind. Diese Anordnung dürfte den Vorzug vor den in Deutschland für Signallaternen gebräuchlichen Lampen verdienen (vergl. v. Weber p. 283 und Organ, 1862, p. 273).

Ueber die Verwendung der englischen Semaphoren vrgl. Eisenb.-Vereins-Zeitung, 1866, p. 228.

Die Figuren 4 und 5 stellen die Absperr-Semaphoren dar, wie solche fortan auf der K. Sächsischen Oestlichen Staatsbahn zur Verwendung kommen. Die Figuren 6 und 7 die Semaphoren der freien Strecken derselben Bahn.

Die Absperr-Semaphore wird als Distanzsignal gebraucht und bedarf weiterer Beschreibung nicht. Die Semaphore der freien Bahn giebt die drei Zeichen „die Bahn ist fahrbar," „der Zug soll halten" und „der Zug soll langsam fahren" genau in der Weise, wie in der Signalordnung für die deutschen Eisenbahnen (s. die technischen Vereinbarungen) vorgesehen ist. Die Konstruktionen dürften sich zu allgemeiner Einführung empfehlen und selbst den auf Blatt 7 dargestellten noch vorzuziehen sein.

Blatt 9.

Die Figuren 1 und 2 (rechts) sind als Beispiel eines doppelten Flügeltelegraphen aufgenommen. Der Apparat wird von Gruson in Buckau-Magdeburg zum Preise von 138 Thalern hergestellt. Einfache optische Telegraphen (mit zwei Flügeln) und in ähnlicher Weise construirt liefert derselbe zu 95 Thaler das Stück.

Doppelte Flügeltelegraphen, deren Einzelnheiten indess von der dargestellten Konstruktion in verschiedenen Punkten abweichen, sind im Gebrauch u. A. als Abzweigungstelegraphen auf der Oberschlesischen Bahn (vrgl. v. Weber p. 169 und Eisenb.-Vereins-Zeitung, 1863, p. 285).

Die übrigen Figuren auf Blatt 9 stellen französische Wendescheiben mit unbeweglichen Laternen vor und sind entnommen aus „Brame. Étude sur les signaux etc." Wegen der Principien dieser Vorkehrungen vrgl. man v. Weber p. 75. Detaillirte Beschreibungen findet man Brame p. 14 und p. 25, sowie im Oesterreichischen Ausstellungs-Bericht p. 116.

Die Figuren 3 bis 6 zeigen die Konstruktion der Wendescheibe, wie solche auf den Lyoner Bahnen üblich ist.

Fig. 3 ist ein Grundriss des Apparats; die Bahn hat man sich parallel mit der Linie AB zu denken.

Fig. 4 ist eine Seitenansicht, welche die Stellung der Scheibe für „freie Fahrt" darstellt.

Fig. 5 ist ein Verticalschnitt, aus welchem u. A. die beiden gusseisernen Daumen e und e' ersichtlich sind, durch welche die Drehung der Scheibe im richtigen Augenblicke gehemmt wird. Der Daumen e' ist zu diesem Zwecke fest an der hohlen Säule, in welcher sich der Schaft der Wendescheibe dreht.

Fig. 6 ist ein Schnitt nach der Linie ab; bei o befindet sich der Angriffspunkt für den Draht, durch welchen die (als Distanzsignal benutzte) Wendescheibe bewegt wird.

Der Apparat wird auf einem Kreuz von starken Schwellen befestigt.

Die Figuren 7—9 geben ein Bild von den neueren Wendescheiben der französischen Ostbahnen, als ein Beispiel der an einem hölzernen Pfosten befestigten Wendescheiben (ähnlich ist auch die Konstruktion der Orientbahn).

Die Bahn läuft zur Linie AB (s. Fig. 7) parallel. Beachtenswerth ist die Blendung m, welche dazu dient, den Wärter oder die Stationsbeamten von der jeweiligen Stellung der Scheibe zu unterrichten. Dieselbe findet sich auch bei den Wendescheiben der Lyoner Bahnen. Die betreffenden Konstruktionen sind ausführlich beschrieben im Organ, 1868, p. 8.

Fig. 8 ist eine Ansicht des Apparats nebst seiner Fundamentirung und dem zur Drehung der Wendescheibe dienenden, an einem Winkelhebel wirkenden Gegengewicht. n ist der Träger für die Laterne, o eine Kette mit Haken, um die Laterne festzustellen, wenn sie in die Höhe gezogen ist.

Die in der Figur sichtbare Seite der Scheibe, welche sich bei geschlossener Bahn der Station zukehrt, ist weiss angestrichen mit einem 5ᵐ breiten schwarzen Rande, die andere Seite ist roth gestrichen mit einem ebenso breiten weissen Rande.

Fig. 9 ist eine Ansicht von derselben Seite, wie Fig. 8, aber bei veränderter Stellung der Scheibe und hochgezogener Laterne.

Blatt 10.

Auf diesem Blatt sind die Wendescheiben in ihrer ursprünglichen einfachen, aber im Detail sehr sorgfältig durchgebildeten Form dargestellt, wie sie auf den französischen Orleans-Bahnen eingeführt sind. Die Zeichnungen sind nach den für die Orleans-Centralbahnen gültigen Normalien angefertigt.

Fig. 1 und 2 sind Ansichten einer von einem hölzernen Pfosten unterstützten Wendescheibe mit Aufzug für die Laterne, welche so hoch wie möglich angebracht ist und mit der Scheibe sich bewegt (vrgl. v. Weber p. 75).

Die Figuren 3 bis 6 zeigen die Details des untern Theils der Vorrichtung und die zur Arretirung der Scheibe dienenden Vorkehrungen. Bei a und a, (Fig. 6) greifen die Transmissionsdrähte an, deren man bei diesem Apparate zwei verwendet. Diese Anordnung steht mit den Vorkehrungen in Verbindung, deren man sich zur Controlirung der Stellung der Scheiben bedient (vrgl. auch Blatt 15, Fig. 1 bis 9).

In Fig. 7 und 8 ist eine Modification der vorhin beschriebenen Anordnung dargestellt, welche sich durch Anwendung von vier Eisenstangen zur Herstellung des festen Gestelles ergibt. Die Disposition ist so getroffen, dass die Laterne vom Wärter auf den über der Scheibe befindlichen Laternenträger gesetzt wird, und ist dementsprechend für eine in den Figuren 9 und 10 in grösserem Maasstabe dargestellte Standplatte und für Handgriffe h h an der Scheibe gesorgt.

Blatt 11.

Auf Blatt 11 sind die Wendescheiben mit horizontaler Drehaxe dargestellt, wie sie als Einfahrsignale für Stationen der Rheinischen Bahn gebraucht werden und zwar in drei Ansichten (Fig. 1—3), dem Detail des Kopfes des Apparats (Fig. 4) und der Ansicht des Stellhebels (Fig. 5). Da dieser Apparat in v. Webers' Werke p. 90 beschrieben und durch die Zeichnungen genau dargestellt ist, so bedarf es einer weiteren Erläuterung der letztern nicht.

Ueber Wendescheiben vergleiche man ferner:

Organ, 1865, p. 225. Neue Signalscheibe für Eisenbahnen von Bacheller. (Scheibe mit kleiner runder Oeffnung in der Mitte. Lampe im Innern eines hohlen Schaftes, das Licht der Lampe durch eine Linse concentrirt.)

Organ, 1868, p. 7. Wendescheibe mit zwei Transmissionen.

Zeitschrift für Bauwesen, 1859, p. 154. Signalscheibe für den Bahnhof Stettin (mit Gas beleuchtet).

daselbst, 1865, p. 417. Wendescheibe ohne Gegengewicht. (Der Schaft der Scheibe endigt in einen Fuss, unter dem sich Schraubenflächen befinden, beim Anziehen des Drahts heben sich Schaft und Scheibe und kehren beim Nachlassen desselben durch ihr eigenes Gewicht in die normale Stellung zurück.)

III. Besondere Vorkehrungen an Distanzsignalen. Concentrirte Weichen- und Signalzüge.

Blatt 12.

Die auf diesem Blatte dargestellten Konstruktionen sind aus Perdonnet's Traité élémentaire entnommen.

In den Figuren 1—4 ist eine der zahlreichen Einrichtungen dargestellt, welche man erdacht hat, um bei den Drahtzügen der Distanzsignale die Temperaturveränderungen unschädlich zu machen und zwar diejenige von Robert, beschrieben v. Weber, p. 55.

Die Figuren 5 und 6 zeigen den untern Theil einer automatischen Signalvorrichtung, welche der Hauptsache nach ebenso eingerichtet ist, wie das automatische Tunnelsignal zwischen Stuttgart und Feuerbach (vgl. v. Weber, p. 185). Dies Signal ist auch zur Zeit noch in ungestörter Wirksamkeit.

d ist der Daumen, welcher von dem ersten Rade des passirenden Zuges niedergedrückt wird. An der Axe des Daumens befindet sich ein Haken h (im Grundriss durch die Stange s verdeckt). Sobald der Daumen niedergedrückt wird, schnappt dieser Haken von dem kürzern Arme des Winkelhebels g h ab und das Gewicht g stellt die Wendescheibe auf „Halt!". Ein Gegengewicht g₁ bringt den Haken h sofort wieder in seine frühere Lage zurück, wenn die Einwirkung der Räder des Zuges aufhört. Es bedarf somit nur eines Anziehens des Drahtzuges mit der auf einem entfernten Wärterposten befindlichen Winde w, um den Winkelhebel g b wieder unter den Haken h und das Signal wieder auf „freie Fahrt" zu stellen. Soll vom Wärterposten aus das Signal auf „Halt" gestellt werden, so wird die Winde w' benutzt, durch deren Drahtzug der Arm a nach rechts hinübergezogen wird, was ebenso, wie das Niederdrücken des Daumens d eine Auslösung des Winkelhebels g h zur Folge hat.

Ueber automatische Signalvorrichtungen vergleiche man ferner:
Telegraphische Vorrichtung zur Sicherung der Ueberfahrten und Tunnel. Organ, 1864, p. 88.
Automatischer Signalapparat zwischen den Cysternen und dem Maschinenhause des Wasserhebwerks der österreichischen Südbahngesellschaft zu Wien, dargestellt in Etzel, Oesterr. Eisenbahnen, Band IV, Blatt 35.

Blatt 13.

Aus den Figuren 1 und 2 ist die Compensationsvorrichtung ersichtlich, welche ursprünglich von Sturrock construirt, später aber auf der französischen Nordbahn in ihren Details weiter ausgebildet und verbessert ist (vgl. v. Weber, p. 54).

Die Figuren 3 bis 7 zeigen die Anordnung eines aus der Ferne zu bewegenden Knallsignals, ohne Wendescheibe.

Der fragliche Apparat wird auf den eingleisigen Linien der Paris-Lyon-Mittelmeer-Bahngesellschaft angewendet. Er bildet gleichsam einen Vorposten der Wendescheiben und dient dazu, die Führer bei ungünstigen Witterungsverhältnissen rechtzeitig zu benachrichtigen, dass die Scheibe, vor der sie unbedingt halten müssen, die geschlossene Bahn anzeigt.

Der Grundriss (Fig. 4) und die Ansicht (Fig. 3) zeigen die Haupttheile der Konstruktion hinreichend deutlich; bemerkt mag werden, dass die Arme der Petarden in Schlitze der eisernen Büchsen b b gesteckt und an letzterm mit Druckschrauben befestigt werden.

Ein in Fig. 6 dargestelltes schräg liegendes Blech dient dazu, die Petarden sicher auf die Schienen zu leiten.

Der Apparat ist mit einer electrischen Controlvorrichtung versehen, deren Contactwerk in Fig. 7 dargestellt ist. An der Wendescheibe befindet sich ein zweites Contactwerk (vgl. Blatt 20), so dass die Glocke des Klingelapparats am Stationsgebäude nur dann ertönt, wenn sowohl die Wendescheibe wie die Petarden das Haltsignal geben. Die empfindlicheren Theile der Vorrichtung sind, wie aus den Figuren 5 und 7 ersichtlich ist, mit kleinen Ueberdachungen versehen.

Eine detaillirtere Beschreibung der Vorrichtung findet man „Brame, Étude etc.," p. 41.

In den Figuren 9 und 10 sind die gewöhnlichen Petarden dargestellt, welche durch die Wärter von Hand auf die Schienen gelegt werden (vgl. v. Weber p. 120). — Fig. 10 ist eine Ansicht von unten, an der die Haften des Signals ausgestreckt zu sehen sind. Die Fig. 9 zeigt die Petarden auf die Schiene befestigt.

(Man vgl. Organ, Beiblatt, 1851, p. 37. Instruction über den Gebrauch der Knallsignale auf den österr. Staatseisenbahnen.)

Blatt 14.

Auf diesem Blatte sind verschiedene Compensationsvorrichtungen für Drahtzüge von Distanzsignalen dargestellt.

Das Princip des Apparats der französischen Ostbahn (Fig. 1 bis 3) ist in v. Weber's Werk p. 55 angegeben. Die Wechselwirkung der beiden Bewegungshebel ist aus Fig. 1 ersichtlich. Bei m befindet sich ein fester Stab, gegen den die Arme des Rückstellhebels sich lehnen. Derselbe dient somit zur Begrenzung des Spiels der Wendescheibe.

In Betreff der Anordnung des Stellhebels, welche von der an oben genannter Stelle besprochenen in ihren Einzelnheiten etwas abweicht, ist zu bemerken, dass das Gewicht g frei spielen kann, wenn die Wendescheibe „freie Bahn" zeigt. Sobald jedoch der Hebel zurückgelegt wird, klemmt sich ein Glied der Kette in einen Einschnitt e, welcher an der Deckplatte des Schachtgehäuses angebracht ist. Hierdurch wird das Spiel des Gewichts aufgehoben.

Nach einem ähnlichen Princip ist die Compensationsvorrichtung der Lyoner-Bahnen construirt, welche in den Figuren 4 bis 6 dargestellt und v. Weber p. 54 beschrieben ist.

Auch die Figur 7 (Stellhebel von Stevens) findet ihre Erklärung bei v. Weber, p. 55.

Blatt 15.

Die Orleans-Bahn-Gesellschaft verwendet zur Bewegung der Wendescheiben doppelte Drahtzüge und hat zwischen den Scheiben und den Wärterposten bei grosser Entfernung der erstern Repetitionsscheiben (vrgl. v. Weber p. 77) angebracht. Die betreffenden Einrichtungen sind in den Figuren 1 bis 9 abgebildet.

Fig. 1 und 2. Grundriss und Schnitt des am Schafte der Repetitionsscheibe angebrachten Armes. Die Befestigung der Doppelhaken h h ist der Art, dass dieselben auf dem Arme ein wenig sich drehen können. Die Bewegung des letztern erfolgt durch zwei Muffen m m, welche auf den Drähten festgeklemmt sind.

Fig. 3 und 4. Aeltere Anordnung der Rollen für die Drahtzüge in geraden Linien und in Curven.

Fig. 5 und 6. Neuere, empfehlenswerthe Anordnung derselben, bei welcher die Rollen losgenommen werden können, während die Axen derselben unberührt bleiben.

Fig. 7 und 8. Ansichten des Stellhebels. Die im Grundriss Fig. 7 angedeutete Platte trägt die Bezeichnungen „frei" und „geschlossen", damit der Wärter nie im Zweifel sein kann, welches Signal er gibt.

Fig. 9. Arm der Wendescheibe, mit zwei kleinen Rollen ausgerüstet, an welchen die Enden der Drahtzüge angreifen.

Fig. 10 und 11. Anordnung der Repetitionsscheibe bei einem Drahtzuge.

An dem festen Segmente S des Stellhebels ist eine Klappe k angebracht, welche den Stellhebel hält, sobald die Scheibe „freie Bahn" zeigt.

Wenn man den Hebel auf „Halt" stellen will, so muss man denselben erst niederdrücken und darauf die Klappe in die Stellung bringen, welche in Fig. 11 mit punktirten Linien angedeutet ist. Alsdann kommt das Gewicht P zur Wirkung und es stellen sich sowohl die Hauptscheibe, wie die Repetitionsscheibe auf „Halt".

Auch beim Zurückstellen des Hebels auf „freie Bahn" kommt das Gewicht P zur Wirkung.

Reisst aber der Draht, während der Stellhebel auf „freie Bahn" steht, so sinkt der letztere etwas nieder, stellt sich auf „Unordnung" und ertheilt der Repetitionsscheibe eine kleine Drehung, so dass dieselbe eine Seite dem Wärter zuwendet, auf welcher das Wort „Derangé" (Unordnung im Apparat) steht.

Die Anordnung erscheint etwas complicirt, ist aber im Princip nicht zu verwerfen.

Fig. 12. Stellhebel der Distanzsignale der K. Sächsischen Oestlichen Staatsbahn, auf einem ähnlichen Princip beruhend, wie die auf Blatt 14 dargestellten Vorrichtungen, in der Anordnung des Details aber sehr einfach, daher sicher wirkend. Die Konstruktion wird von Herrn Eisenbahn-Director v. Weber besonders empfohlen.

Fig. 13 und 14. Sicherungsvorrichtung bei Neuss und Crefeld.

Diese Konstruktion ist bei v. Weber p. 174 beschrieben, so dass es hier einer Erläuterung der Zeichnung nicht bedarf.

Man vergleiche auch:

Zeitschr. f. Bauwesen, 1865, p. 328. Optisches Signal an Bahndurchkreuzungen (vier Arme mit einer Vorrichtung, dass zur Zeit nur immer einer derselben bewegt werden kann).

Blatt 16.

Die grosse Bedeutung der Vorrichtungen, durch welche Weichen- und Signalzüge in Wechselwirkung mit einander gebracht werden, wird es rechtfertigen, dass denselben drei Blätter (Nro. 16, 17 und 18) gewidmet sind.

Die Skizzen auf Blatt 16 sind entnommen aus dem Organ, 1862, Tafel XVIII, woselbst (p. 274) sich auch eine kurze Beschreibung der Konstruktionen findet. (Man vrgl. auch v. Weber p. 56.)

Zur Orientirung mag Folgendes bemerkt werden:

Die Figuren 1 und 2 geben die allgemeine Disposition des Apparats von Chambers, dessen weitere Einrichtung aus den Figuren 3, 4 und 5 zu ersehen ist.

Die Stangen A und B (Fig. 5) sind mit den Weichen verbunden und werden durch die Hebel C und D in Bewegung gesetzt, mit diesen Hebeln sind Platten E und F (Fig. 3) vereinigt, die sich demnach bei Bewegung der Hebel hin und her verschieben.

Die Platten haben Löcher, in welche Stifte G und G' treten können, sobald die Weichenhebel gestellt sind. Ueber den Stiften sind Steigbügel befestigt, durch deren Niederdrücken die Signale in Bewegung gesetzt werden. Auf diese Weise wird die Stellung der Signale von der Stellung der Weichen abhängig gemacht.

Fig. 6 bis 10. Sicherheitsvorrichtung nach Steven's System.

Fig. 6 und 7. Ansicht und Situation eines Signalhäus'chens.

Fig. 8, 9 und 10. Skizze des im Innern des Häus'chens aufgestellten Apparats.

Die Stange M (Fig. 8) führt nach der Weiche, der Zug P nach dem Signal. Man sieht aus Fig. 8, wie zunächst durch den Bügel B die Bewegung des Signalhebels von der Bewegung des Weichenhebels abhängig gemacht ist, während aus der Seitenansicht (Fig. 9) und noch deutlicher aus dem Grundriss Fig. 10 (woselbst indess der Uebersichtlichkeit wegen nur einzelne Theile des Apparats gezeichnet sind) hervorgeht, wie nach Bewegung eines Signalhebels sofort alle andern in ihrer normalen Stellung, welche dem „Halt" an den Semaphoren entspricht, festgehalten werden. Sobald nämlich der Signalhebel S (Fig. 10) bewegt ist, zieht eine Feder F den Riegel R ein wenig seitwärts und hält der letztere alle übrigen Signalhebel fest. Durch Zurücktreten des Hebels S in seine ursprüngliche Stellung werden alle andern Hebel wieder frei.

Blatt 17.

Die Skizzen auf Blatt 16 finden eine Ergänzung durch die Zeichnungen auf Blatt 17, woselbst ausser den Apparaten von Stevens und Saxby (vgl. v. Weber p. 58) derjenige von Anderson dargestellt ist.

Fig. 1. Situationsplan, aus welchem namentlich die Stellung der einflügeligen Distanzsignale (auxiliary Signals) hervorgeht. Der Plan ist so gezeichnet, wie er sich gestalten würde für Bahnen, auf denen rechts gefahren wird.

Aus der beigefügten Tabelle ist die Anzahl der erforderlichen Weichen- und Signalhebel und die Wirkung der Umlegung jedes einzelnen Hebels zu ersehen. Zur Ergänzung der etwas schwerfälligen Uebersetzung folge hier der Anfang des Originaltextes.

Normal Position of Lever		Reserve Position of Lever
Main up signal at Danger	1	Main up signal at Right
Branch up signal at Danger	2	Branch up signal at Right
Points right for main up line	3	Points right for branch up line
	etc.	

Die Figuren 2 und 3 zeigen den Apparat von Anderson.

Die Stellhebel für die Signale sind nach dem System construirt, welches auf Blatt 12, Fig. 1 bis 4 im Detail dargestellt ist. Das Riegelwerk liegt unter dem Fussboden bei A. Die Zeichnung lässt die Principien der Anordnung wohl erkennen, sie ist indess leider nicht hinreichend vollständig zur Erläuterung aller Einzelnheiten.

Dasselbe gilt von den Figuren 4 und 5, welche den Apparat von Stevens and Son darstellen.

Die Figuren finden eine Ergänzung einerseits durch Fig. 7 auf Blatt 14 und andererseits durch die Figuren 8 bis 10 auf Blatt 16.

Bei o ist ein Ofen zur Erwärmung des Signalhäus'chens.

Das Innere eines Signalhauses nach dem System von Saxby ist durch die Titelvignette versinnlicht.

Blatt 18.

Das Blatt 18 zeigt die Sicherheitsvorkehrungen bei Bahnabzweigungen, welche auf französischen Bahnen gebräuchlich sind.

Fig. 1. Situation der Signale auf Abzweigungen der französischen Westbahn (Bahnhof St. Cyr).

Zur Verwendung kommen folgende Vorrichtungen:

Gewöhnliche rothe Wendescheiben;

Grüne Signale, welche durch den Mechanismus der Weichen bewegt werden (vrgl Bl. 2, Fig. 3);

Gelbe Galgensignale, welche unbedingtes Halt gebieten, indem eine Scheibe an einem horizontalen Arm befestigt, mitten über das Gleis gestellt wird. (Dieselben sind abgebildet: Oesterr. Ausstellungs-Bericht, Taf. IX.)

Die rothen Signale werden nach Bedarf wiederholt, um den haltenden Zug im Rücken zu decken.

Zur Verbindung der Weichenzüge mit den Signalzügen gebraucht man den Apparat Vignier, und zwar im vorliegenden Falle in der Weise, dass die Weiche 5 nur dann bewegt werden kann, wenn das Signal 4 auf Halt steht.

Man findet „Braine, Étude etc." p. 219 die Instruction für die Bedienung der Signale auf dem Bahnhofe St. Cyr.

Fig. 2. Situation der Signale auf dem Bahnhofe Soissons (Franz. Nordbahn).

Auf diesem Bahnhofe kommen ausser den gewöhnlichen Wendescheiben zur Anwendung:

Achtungssignale *, um den Führer auf die gefährliche Stelle aufmerksam zu machen und Wende-scheiben mit viereckiger Tafel und Petarden, welche unbedingt „Halt" gebieten.

(In der Zeichnung ist übrigens nur die relative Stellung der Signale zu einander angedeutet, nicht aber ihre Entfernung von einander nach richtigem Maassstabe.)

An der Ueberfahrt befinden sich die Hebel für die Haltsignale und die Weichen. Dieselben sind durch ein Riegelwerk mit einander in Verbindung gesetzt, welches ähnlich construirt ist, wie das Riegel-werk Fig. 7 und 8.

Die Anordnung ist so getroffen, dass die genannten Hebel von einem in der Nähe der Gleiskreu-zung stationirten Wärter durch Vermittlung eines Drahtzuges direkt festgestellt werden können. Dies geschieht jedesmal, wenn die auf dem Bahnhofe auszuführenden Manöver ein Einlaufen von Zügen un-thunlich erscheinen lassen. Sobald die Feststellung der Hebel erfolgt, ertönt eine zwischen denselben angebrachte Glocke

Hat dagegen der Wärter bei der Ueberfahrt einem Zuge das Einfahrsignal gegeben, so benach-richtigt er den Wärter bei der Gleiskreuzung durch Läuten einer bei letzterer aufgestellten Glocke, deren Drahtzug an der Ueberfahrt seinen Anfang nimmt und darf in diesem Falle eine Feststellung des Riegel-werks bei der Ueberfahrt nicht vorgenommen werden. — Die Detailzeichnungen dieser Vorrichtungen, durch welche eine Verständigung zwischen dem Wärter an der Ueberfahrt, woselbst sich die Endweichen des Bahnhofs befinden, und dem Wärter bei der Gleiskreuzung jederzeit leicht bewerkstelligt wird, findet man „Braine, Étude" Pl. II.

Die Figuren 3 bis 10, welche den Apparat Vignier und seine Anwendung bei Bahnabzweigungen darstellen, bedürfen hier keiner detaillirten Beschreibung, da dieselbe erst kürzlich im Organ, 1868, p. 55 gegeben ist. (Man vrgl. auch Zeitschr. f. Bauw., 1857, p. 73.)

IV. Läutewerke und electromagnetische Signale.

Blatt 19.

Die Vorrichtungen, welche durch die Figuren 1 bis 3 (Läutevorrichtung an Drahtzug-Bar-rieren der K. Sächsischen Oestlichen Staatsbahn)

und durch die Figuren 4 und 5 (Läutevorrichtung an Barrieren der Hannover'schen Bahn) dargestellt werden, sind bei v. Weber p. 207 besprochen.

Die Figuren 6 bis 11 zeigen die Läutevorrichtung an der balancirten Drahtzug-Barriere von Oberbeck.

Zur Bewegung dieser Barriere und der Läutevorrichtung derselben dienen zwei getrennte Drähte, von denen der eine das Schliessen und Länten, der andere das Oeffnen der Barriere bewirkt. Oberhalb des Drehpunktes des Schlagbaumes sind zwei gusseiserne Räder (in den Figuren 9, 10 und 11 besonders dargestellt) von verschiedenem Durchmesser angebracht, welche sich unabhängig von einander drehen können, so lange nicht der an dem grössern Rade angebrachte Mitnehmerstift s den auf dem kleinern Rade sitzenden Arm a berührt. Das grosse Rad wird durch die Drahtzüge bewegt, die Ketten des klei-neren Rades greifen rechts und links vom Drehpunkte des Schlagbaumes an denselben an.

Der Vorgang bei der Bewegung der Barriere ist folgender:

Der Schlagbaum sei geöffnet (vrgl. Fig. 7). Der Mitnehmerstift an dem grössern Rade steht in seiner höchsten Stellung. Der Arm des kleinern Rades liegt dicht an dem Mitnehmerstift, in der Zeich-nung links davon. Sobald der Wärter die Windetrommel in Rechtsdrehung versetzt, wird der untere Leitungsdraht straff gezogen und das grössere Rad durch denselben nach rechts herum gedreht. Der

---

*) Diese Signale bestehen aus einem Pfahl, woran eine viereckige Scheibe, mit zwei weissen und zwei grünen quadra-tischen Feldern gezeichnet, unbeweglich befestigt ist. Nachts tritt grünes Licht an die Stelle. (Vgl. v. Weber p. 78.)

Mitnehmeratift verläaat also den Arm a und fasst dagegen den einen Arm eines mit der Glocke verbun-
denen Winkelhebels. Die Glocke ertönt also gleich beim ersten Anziehen des Wärters. Erst wenn das
grössere Rad fast eine ganze Umdrehung gemacht hat, und der Mitnehmeratift den Arm a von der linken
Seite ergreift, fängt auch das kleine Rad an, sich mitzudrehen und gleich darauf ertönt die Glocke zum
zweiten Male. Da aber die Angriffspunkte an dem Schlagbaum so gewählt sind, dass in der geschlosse-
nen Stellung beide Kettenenden straff werden, in der geöffneten aber das hintere Ende schlaff herunter
hängt, so vergeht erst noch eine halbe Umdrehung, ehe der hintere Arm des Schlagbaumes durch die
Kette angezogen wird. Das Schliessen kann also überhaupt nicht vor sich gehen, ohne dass eine ge-
wisse Zeit lang vorher das Glockensignal gegeben ist, was bei der gewöhnlichen Einrichtung häufig aus
Nachlässigkeit unterbleibt. Während des Schliessens ertönt die Glocke dann noch zum dritten Mal.

Die beschriebene Läutevorrichtung functionirt demnach ähnlich, wie diejenige der Sächsischen
Staatsbahn. Eine speciellere Besprechung der Konstruktion findet man Organ, 1866, p. 4.

Blatt 20.

Electrische Controlapparate (Klingelwerke) an Distanzsignalen. (Vrgl. v. Weber p. 77.)

Fig. 1. Situation der für die Kaiser-Franz-Joseph-Orientbahn getroffenen Anordnung. —
An der linken Seite ist die Stellung der Scheibe auf „freie Fahrt", an der rechten Seite die Stellung
auf „Halt" gezeichnet.

Fig. 2 bis 5. Detail des Contactwerkes, und zwar

Fig. 2. Seitenansichten der am Signalbaum befestigten Kapsel, in welcher sich das Contactwerk
befindet;

Fig. 3. Horizontalschnitt dieser Kapsel (das eine Ende des Leitungsdrahtes wird im Stift s, das
andere durch die Klemmschraube p befestigt sein);

Fig. 4. Verticalschnitt des Contactwerkes;

Fig. 5. Grundriss und Ansichten des mit einem Halsbande am Schaft der Wendescheibe befestigten
Bügels, dessen Ende behufs Bewerkstelligung des Contacts bei erfolgter Drehung der Scheibe auf den
Stift s trifft und denselben seitwärts drückt.

Man vergleiche ferner:

Organ, 1864, p. 218. Electrische Signale von Stevens and Son (Electrischer Apparat, um den
Stand der Arme an Semaphoren zu controliren).

Organ, 1868, p. 126. Controlapparat für das Brennen der Laternen in Distanzscheiben.

Blatt 21.

Durch den Stromschluss an der Signalscheibe (vrgl. Bl. 20) wird ein electrisches Klingelwerk
(Vibrirwecker) in Thätigkeit gesetzt und ertönt dasselbe so lange, wie bei Stellung der Signalscheibe
auf „Halt" der Contact stattfindet. Die Details eines solchen Klingelwerks, wie dasselbe auf den Linien
der Oesterr. Südbahngesellschaft benutzt wird, sind auf Blatt 21 dargestellt. Man sieht in Fig. 1 und 2
die beiden Ansichten und in Fig. 3 den Grundriss des Apparats. In sämmtlichen Figuren ist der Mantel,
welcher das Werk umgibt, durchschnitten gezeichnet, um die innern Theile freizulegen. Die Drähte der
Leitung werden bei A A befestigt. Bei B tritt der Strom in den Anker, welcher mit den Drähten des
Electromagneten in Verbindung steht.

Eine detaillirte Beschreibung findet man in „Schellen. Der electromagnetische Telegraph." 3. Aufl. p. 36.

Blatt 22.

Die Figuren 1 bis 3 zeigen die Einrichtung des einfachen Cooke-Wheatstone'schen Nadel-
Apparats, welcher in Rücksicht auf seine Anwendung beim Blocksystem aufgenommen ist.

Fig. 1. Ansicht der Rückseite des Apparats. An der Vorderseite ist nur die mit der Magnet-
nadel des Electromagneten parallel laufende Nadel und unter derselben ein Griff sichtbar, welcher auf
der Axe A befestigt ist.

Aus den schematischen Figuren 2 und 3 ist die Konstruktion des Schlüssels, welcher durch den
Griff in Bewegung gesetzt wird und die Verbindung zweier Signalposten mit einander ersichtlich.

Die Randfläche des Schlüssels ist mit sieben Contactstücken a, b, c, d, e, f, g von Messing versehen,
deren Zwischenräume durch Elfenbein ausgefüllt sind. Auf der Vorderseite der Scheibe sind einige dieser
Contactstücke, nämlich a mit b und c, f mit d, sowie e mit g durch Metallstreifen, die sich nicht be-
rühren, mit einander verbunden.

Gegen den Rand dieser Scheibe lehnen sich vier Contactfedern x, y, m, n, von denen die zwei
erstern, x und y, mit den Polen der Batterie, m mit der Erdplatte und n mit dem einen Ende des
Multiplicatordrahtes M in Verbindung stehen. Die Anordnung der Scheiben und ihrer Federn ist auf
beiden Stationen dieselbe, mit dem alleinigen Unterschiede, dass auf der einen Station (links) die Feder n
mit dem Anfangspunkte p des Drahtes des Multiplicators N, auf der andern Station aber die Feder n,
mit dem Endpunkte q, des Drahtgewindes am Multiplicator N, verbunden ist.

4

Im Zustande der Ruhe haben die Griffe G und G, die verticale Stellung, wie der linke Theil der Figuren 2 und 3 darstellt. Dabei sind die Batterien von der Leitung ausgeschlossen, da ihre Polfedern x y nicht mit dem Metalle der Schlüssel in Verbindung stehen.

Wird aber, wie bei G, (Fig. 2) zu sehen ist, der Schlüssel so gedreht, dass der obere Theil des Griffes nach der Rechten zeigt, so wird dadurch die Batterie dieser Station in die Leitung eingeschaltet und der Strom circulirt in der Richtung:

Pol + x' b' a' n' M' q' p' Leitung, q p M n b a c m E Erde, E' m' e' g' y' -Pol.

Die Art der Windungen der Multiplicatoren N und N' ist nun eine solche, dass bei dieser Richtung des Stromes die Nadeln dieselbe Ablenkung erleiden, welche dem Griffe G' gegeben war.

Eine Drehung des Griffes G' von der verticalen Stellung aus nach der Linken sendet den Strom in entgegengesetzter Richtung durch den Draht, wie aus Fig. 3 ersichtlich ist, wodurch dann die Nadeln nach links abgelenkt werden. (Nach „Schellen. Der electromagnetische Telegraph." 3te Aufl., p. 169.)

Die Figuren 4 und 5 stellen das Aeussere der von Tyer vervollkommneten Nadel-Signal-Apparate dar, welche bei v. Weber p. 143 ausführlich besprochen sind. (Man vrgl. auch „Brame, Étude, p. 84.)

Die Signalkasten mit zwei Nadeln (Fig. 5) dienen für die Endposten einer Strecke, diejenigen mit vier Nadeln für die Mittelposten, weil die letzteren nach beiden Seiten hin correspondiren müssen.

Die Figuren 6 bis 8 geben eine Andeutung von der Einrichtung der Signalapparate nach dem System Regnault (vrgl. v. Weber p. 84 und „Brame, Étude" p. 86). Bei diesem Systeme lässt man die Nadel eines Electromagneten in der Fahrrichtung eines Zuges sich neigen und erhält diese Stellung unverändert, bis der Zug auf der nächsten Station angelangt ist. Zwei Zeichenempfänger von ganz gleicher Konstruktion (Fig. 6) sind auf der Abgangsstation und resp. auf der Ankunftstation aufgestellt und so angeordnet, dass durch Vermittlung ein und desselben Leitungsdrahtes ein Strom die beiden zusammengehörigen Nadeln nach derselben Richtung ablenkt.

Der Zeichengeber (Fig. 7) besteht aus einem Magnete, dessen Anker man nur mit der Hand anzudrücken braucht, um die electrische Kette zu schliessen und den Strom hervorzurufen. Es kann bei diesem Apparate jeder Zeichengeber den Strom nur in einer Richtung erregen und kann somit den Nadeln nur eine einzige Abweichung gegeben werden. Hierdurch wird es unmöglich gemacht, dass der Beamte ein falsches Zeichen gibt.

Der Unterbrecher (Fig. 8), durch welchen bei Ankunft des Zuges auf der nächsten Station das Signal gelöscht wird, ist in gewöhnlicher Weise als Knopf construirt, auf den man drücken muss, um den Schluss der Leitung aufzuheben.

(Wegen sonstiger Details vrgl. man Dingler's polyt. Journal, 140. Bd., p. 347.)

Die Figuren 9 bis 11 sind aufgenommen, um das Princip von Bain's Telegraphenapparat, welcher bei v. Weber p. 149 erwähnt ist, zu zeigen. (Wegen der Einzelnheiten vrgl. Dingler's polyt. Journal, 101. Bd., p. 8.)

Ueber englische electrische Signale vrgl. man ferner:

Organ, 1859, p. 251. Signalsystem für den Eisenbahndienst von Walker.

Eisenbahn-Vereins-Zeitung, 1863, p. 259. Electrische Eisenbahnsignale in England.

daselbst, 1865, p. 295. Signalsystem der unterirdischen Eisenbahnen in London.

Blatt 23 und Blatt 24.

Auf diesen Blättern sind die Glockenhäuser für Bahnwärter nebst ihren Läutewerken (vrgl. v. Weber p. 223) zur Anschauung gebracht.

Statt der hölzernen Häus'chen (Glockenbuden) (Fig. 1 und 2 Blatt 23) werden in neuerer Zeit wohl ausschliesslich eiserne (Fig. 3 und 4 Blatt 23, und Fig. 1 Blatt 24) benutzt.

(In der Fig. 1 Blatt 24 ist die Thür ausgenommen gedacht, um das Innere des Häus'chens sichtbar zu machen.)

Die Figuren 5 bis 7 Blatt 23 stellen ein Läutewerk (ältere Konstruktion von Siemens und Halske) dar. In Betreff der Einzelnheiten ist Folgendes zu bemerken:

Sobald ein hinlänglich starker Strom die Windungen der Electromagneten E umkreist, wird das Häkchen des Hammers H ausgelöst und letzterer fällt zur Ingangsetzung des Laufwerks nieder. (Hierbei macht aber die Axe IV keinerlei Bewegung, weil das Ende des Hammerstieles sich frei um die Axe drehen kann.) Beim Fallen trifft nämlich der Hammer auf den Arm Q und schlägt denselben hinunter. Hierdurch wird der Eingriff des Daumens D mit dem Ansatz q, wodurch die Bewegung des Werks gehemmt wurde, aufgehoben und zu gleicher Zeit ein Stift s aus einem am untern Theil der Scheibe S befindlichen Einschnitt entfernt. Es kann sich somit das Werk in Bewegung setzen und das Läuten erfolgt.

Der Stift s, welcher an der Scheibe S schleift, verhindert eine Zeit lang das Wiederhinaufgehen des Armes Q. Sobald die Scheibe aber eine volle Umdrehung gemacht hat, kann derselbe in seine ursprüngliche Stellung zurücktreten, was eine Arretirung des Werkes zur Folge hat.

Zum Wiederanheben des Hammers und zur Herstellung des Eingriffs desselben mit dem Häkchen des Electromagneten dient folgende Einrichtung:

An der Axe I sitzt eine excentrische Scheibe E, von welcher die in einen Ring endigende Stange o o ausgeht. Das linke Ende der Stange o ist vermittelst eines Stiftes mit der Gabel m verbunden. Die letztere ist an der Axe IV befestigt und mit derselben drehbar. Sie trägt einen Mitnehmerstift s', welcher den Stiel des Hammers fassen kann.

Man sieht, dass nach einer halben Umdrehung der Hauptwelle I der Arm m seinen höchsten Stand erreicht hat und dass, während er dahin gelangt, der Stift s' den Hammerstiel heben muss. Bevor der genannte Arm jenen Stand erreicht hat, passiren die Häkchen des Ankers und des Fallhammers unter einander her. Beim Rückgange des Arms findet das Einhaken statt.

(Eine ausführlichere Beschreibung findet man im Organ, 1857, p. 25, und „Schellen, der electromagnetische Telegraph," p. 320.)

Man sieht aus der Anzahl der Knöpfe k k, dass das besprochene Werk bei jedesmaliger Auslösung 10 Doppelschläge gibt. Dagegen ist das Läutewerk Fig. 2 und 3 Blatt 24 auf 5 Doppelschläge eingerichtet. Man kann indess durch Vermehrung der Einschnitte E dasselbe so modificiren, dass auch eine andere Anzahl von Schlägen bis zu Einem herab als einfaches Signal gegeben wird.

Ausserdem zeigt diese neuere Konstruktion zahlreiche Verbesserungen in den Details. Die letztern sind allerdings aus der Zeichnung nicht vollständig zu ersehen. Es können wegen derselben die Zeichnungen in „Etzel, Oesterr. Eisenbahnen," im Rathe gezogen werden, woselbst man (Band II) ausser den neueren Läutewerken für Bahnwärter von Siemens und Halske noch verschiedene andere abgebildet findet. Ueber electrische Glockensignale vrgl. man ferner:

Organ, 1862, p. 180. Electrische Signale für hülfsbedürftige Eisenbahnzüge.

daselbst, 1864, p. 131 und p. 270, auch 1865, p. 143. Electrische Glockensignale und Telegraphenlinien mit Einrichtung zum Telegraphiren von den Wärterhäusern nach den Stationen.

Blatt 25.

Den Beschluss machen electrische Signalvorrichtungen für Eisenbahnzüge (vrgl. v. Weber p. 202).

Fig. 1 stellt die allgemeine Disposition der Apparate von Prudhomme vor, und zwar sind als Repräsentanten eines vollständigen Zuges einige Personenwagen, ein Vorläufer, ein Packwagen in der Mitte und ein solcher am Ende des Zuges angedeutet.

Bei dieser Konstruktion sind mehrere Batterien (p p' p") im Zuge vertheilt, bei jeder Batterie ist auch ein Klingelwerk (s s' s") angebracht. Alle negativen Pole der Batterien sind mit einander in Verbindung gebracht; in die betreffenden Leitungen sind auch die Klingelwerke eingeschaltet. Vollständig isolirt von diesen Drähten ist eine zweite Leitung geführt, welche alle positiven Pole der Batterien mit einander verbindet. Die letztgenannte Leitung ist mit den Eisentheilen des Wagens und demnach auch mit den Schienen und mit der Erde an vielen Stellen in Contact.

Es liegt auf der Hand, dass die Verbindung der positiven Leitung mit der negativen an irgend einer Stelle die Erzeugung eines Stromes und somit die Ingangsetzung der Klingelwerke zur Folge hat. Denkt man sich nun in die negative Leitung Metall-Lamellen a b, a'b', a"b" (s. Fig. 1) eingeschaltet, welche um die Punkte b b' b" drehbar sind und eine derselben, etwa die erste a b, in der Weise gedreht, dass der Punkt a in Contact mit der positiven Leitung der Batterie p kommt, so ist das Klingelwerk s ausgeschaltet, dagegen aber ein Stromschluss für die Batterien p' und p" hergestellt. Es wird somit der Strom aus diesen beiden Batterien die Klingelwerke s' und s" in Bewegung setzen.

Man hat somit ein Mittel, um von dem ersten Packwagen ein Zeichen nach den beiden andern Packwagen zu geben. In derselben Weise kann aber auch von jedem der beiden andern Packwagen aus ein Zeichen für die übrigen Conducteure gegeben werden.

Der Commutator (Contact-Apparat), dessen man sich bedient, um in besprochener Weise die negative Leitung in irgend einem Packwagen zu copiren und Verbindung zwischen derselben und der positiven herzustellen, ist in Fig. 8 dargestellt.

Wie aus Fig. 1 ersichtlich, sind die Leitungen zwischen je zwei Coupées in die Höhe geführt und endigen in Contactwerke b. Sobald mit einem derselben Stromschluss hergestellt wird, ertönen die Klingelwerke in sämmtlichen Packwagen. Es sind somit auch die Passagiere in den Stand gesetzt, den Conducteuren Zeichen zu geben.

Die Contactwerke, welche für die Wagen des kaiserlichen Zuges angewendet sind, bestehen aus einfachen Druckknöpfen (Fig. 4). Für gewöhnliche Personenwagen (soweit man dieselben probeweise mit dem Apparat Prudhomme ausgerüstet hat) ist unter der Decke zwischen je zwei Coupées eine horizontale Stange angeordnet, welche durch Ziehen an einem hinter dünnen Glasscheiben befindlichen Ringe R um 90° gedreht werden kann (s. Fig. 3).

Die Drehung der Stange bringt das Contactwerk (Fig. 5) in Wirksamkeit. Zugleich wird aber ein weiss angestrichener Flügel F (s. Fig. 2, 3 und 5) in verticale Stellung gebracht, so dass die Conducteure das Coupée erkennen können, von welchem aus das Nothzeichen gegeben ist.

Besonders interessant erscheinen die Anordnungen, mittelst welcher die Abtrennung eines Theils des Zuges sich anzeigt.

Die Konstruktion ist der Art, dass bei einer Trennung der Leitungen zwischen je zwei Wagen (beispielsweise bei N und Q Fig. 1) sowohl beim Punkte m, wie beim Punkte n Berührung zwischen den positiven und den negativen Leitungen entsteht, was ein Ertönen sämmtlicher Klingelwerke zur Folge haben muss.

Die Kuppelungen zwischen den Wagen, welche hierzu dienen, sind durch die Figuren 7 und 8 dargestellt, und zwar befindet sich an jedem Ende eines Wagens (rechts und links von der Mitte der Kopfschwelle) ein isolirter Leitungsdraht (Fig 6), welcher an einer metallenen Oese endigt, und ein eigenthümlich geformter Haken (Fig. 7), welcher durch eine starke Feder gegen einen metallenen Knopf K gedrückt wird, sobald nicht die genannte Oese zwischen dem Haken und seinem Gestelle eingeklemmt ist.

Der Knopf K steht mit der positiven Leitung in Verbindung, die Kuppelung (Fig. 6) und der Haken H dagegen sind in die negative Leitung eingeschaltet.

Die zuletzt genannten Theile dienen somit bei ordnungsmässigem Zustande des Zuges zur Ueberführung des negativen Stromes von einem Wagen zum andern. Sobald aber eine Trennung eines Wagens vom Zuge erfolgt, zieht sich die Oese O der electrischen Kuppelung vom Haken H ab und tritt der letztere durch den Druck seiner Feder mit dem Knopf K in Verbindung. Die Folge ist, wie bereits hervorgehoben, Schluss der Leitungen in jedem Zugtheile und Ingangsetzung sämmtlicher Klingelwerke.

Die Figuren 9 bis 11 geben ein Bild von dem Apparat Achard, welcher sich in mehrfacher Hinsicht von dem vorher beschriebenen unterscheidet.

Bei diesem Apparat werden die Läutewerke durch eine aus den Zeichnungen ersichtliche mechanische Vorrichtung in Bewegung gesetzt. Man kann also kräftigere Glocken anwenden und namentlich auch eine solche an der Aussenseite des Vorläufers, hörbar für den Locomotivführer, anbringen. Zwei Electromagnete E halten die verticalen Stangen L in der Höhe, so lange ein Strom in ihren Leitungen circulirt. Sobald aber dieser Strom unterbrochen wird, sinkt der Hebel H nieder und die Glocken ertönen. Sowohl die Conducteure, wie die Passagiere sind in den Stand gesetzt, jene Unterbrechung zu bewerkstelligen, die erstern aber sind angewiesen, beim Läuten Pausen eintreten zu lassen, damit ihr Zeichen sich von demjenigen der Passagiere unterscheidet.

Auch bei Abtrennung eines Wagens findet eine Unterbrechung der Leitungen statt, zu welchem Zweck die electrischen Kuppelungen angeordnet sind, wie Fig. 11 zeigt.

Ueber Signale auf den Zügen vergleiche man ferner:

Organ, 1850, p. 61. Signal für Eisenbahnzüge;

Eisenbahn-Vereins-Zeitung, 1865, p. 261. Nothsignale zwischen den Reisenden und dem Zugpersonale während der Fahrt;

Organ, 1868, p. 173. Zugsignale auf der Pariser Ausstellung.

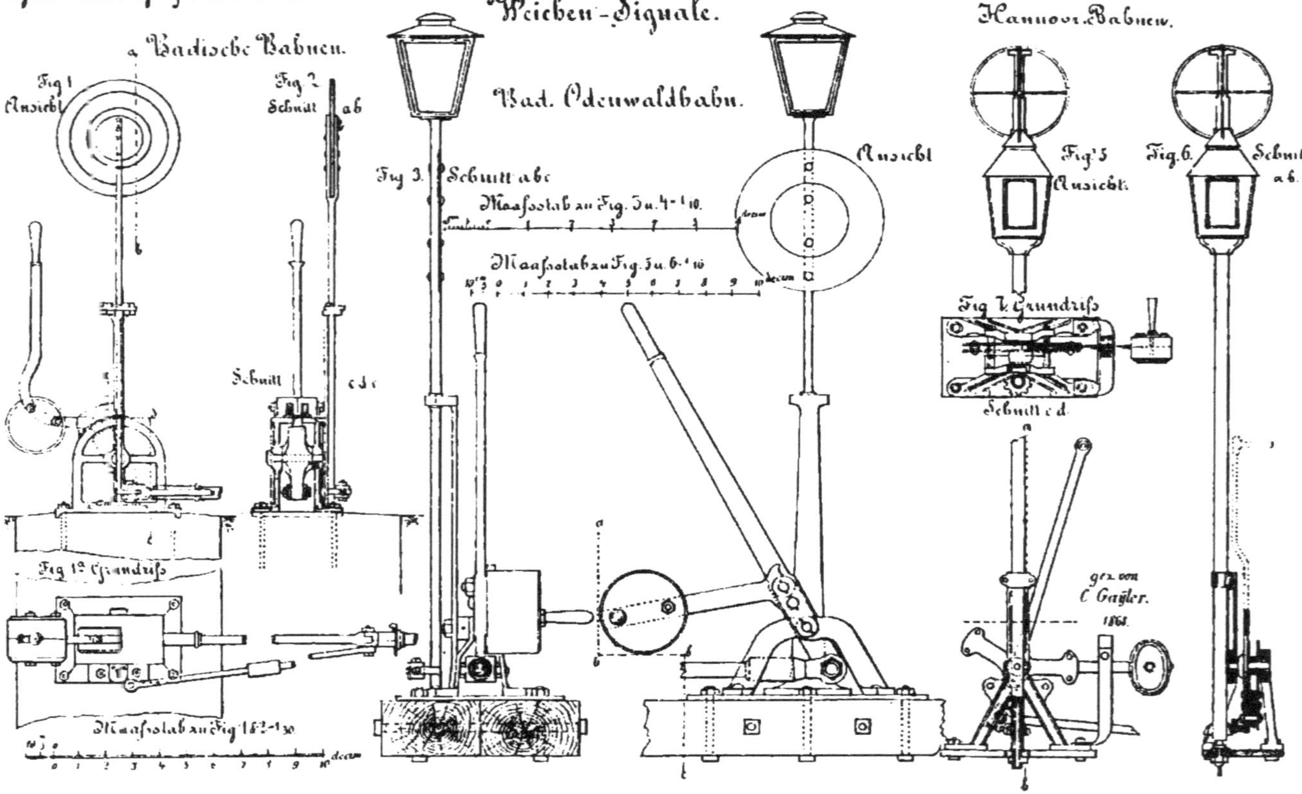

Signalvorrichtungen für Eisenbahnen.

Weichen-Signale.

a Badische Bahnen.

Bad. Odenwaldbahn.

Hannov. Bahnen.

Blatt 1.

Fig. 1 Ansicht

Fig. 2 Schnitt a b

Fig. 3 Schnitt

Fig. 12 Grundriß

Fig. 4 Ansicht

Fig. 5 Ansicht

Fig. 6 Schnitt a b

Fig. 7 Grundriß

Schnitt c d

gez. von C. Gugler. 1864

Maaßstab zu Fig. 5 u. 4 u. 10.

Maaßstab zu Fig. 5 u. 6 u. 10.

Maaßstab zu Fig. 12 u. 12.

Fig. 1.
(Weiche steht für das Hauptgleis)

Fig. 2.
(Weiche steht für das Nebengleis)

Französische Nord-
Bahnen.

Fig. 3.

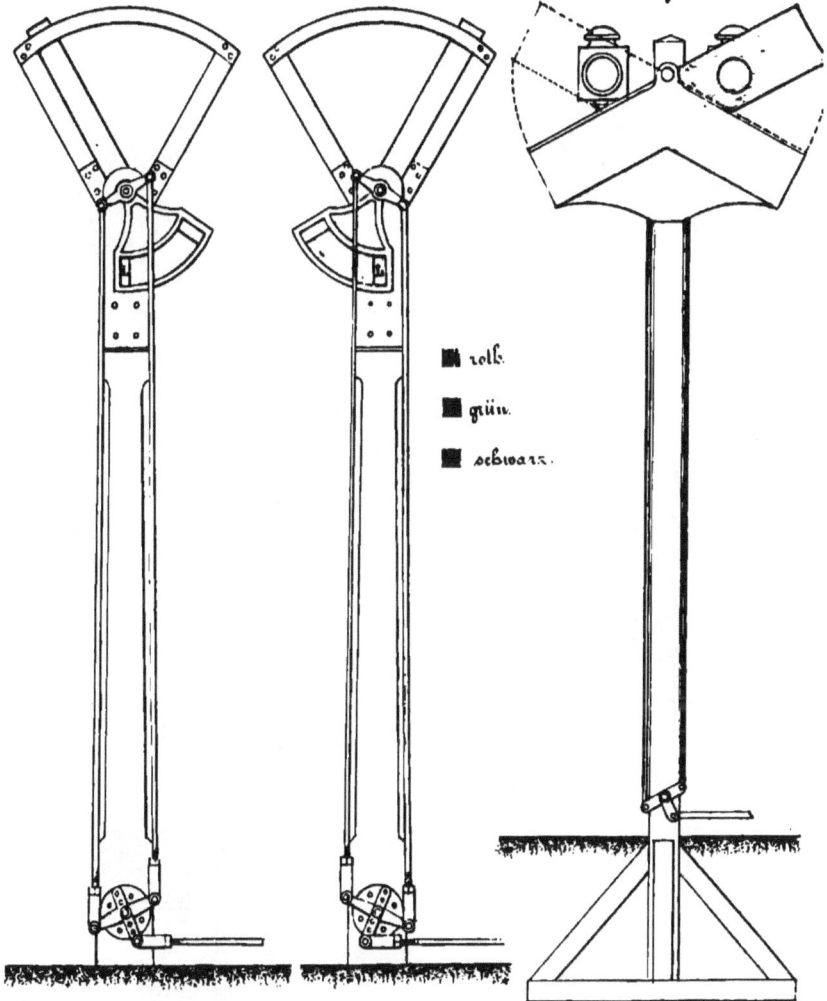

■ roth.

■ grün.

■ schwarz.

Maaßstab ca. 1:18.

Maaßstab der Fig. 3-9- ½0-0,05.

Benderisches älteres Weichensignal.
(Kaiser Franz-Joseph Orientbahn.)

Fig. 1 Grundriß, Schnitt a-b

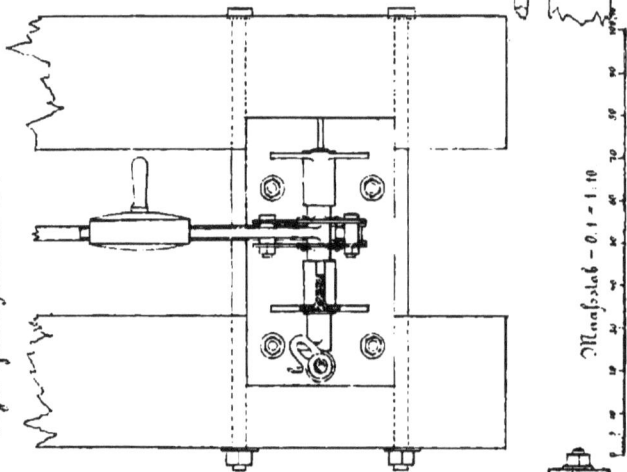

Fig. 2 Seitenansicht

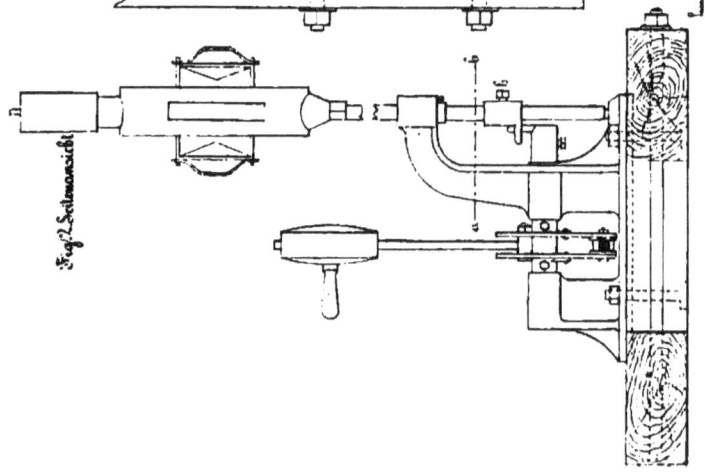

Fig. 3 Vorder Ansicht

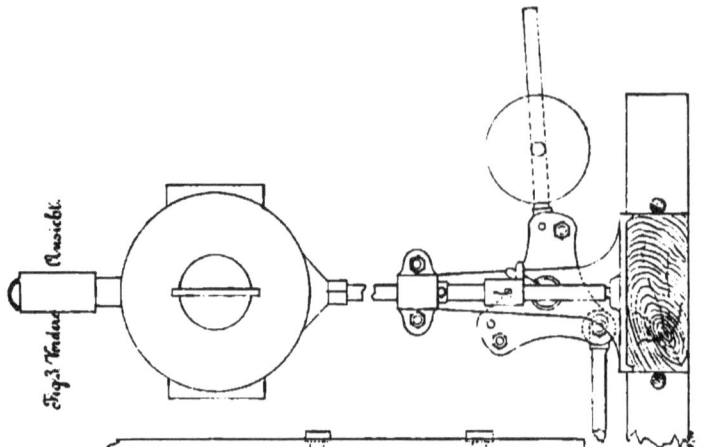

Maßstab 0·1 = 1·10

Bender'sches Pfeilsignal.

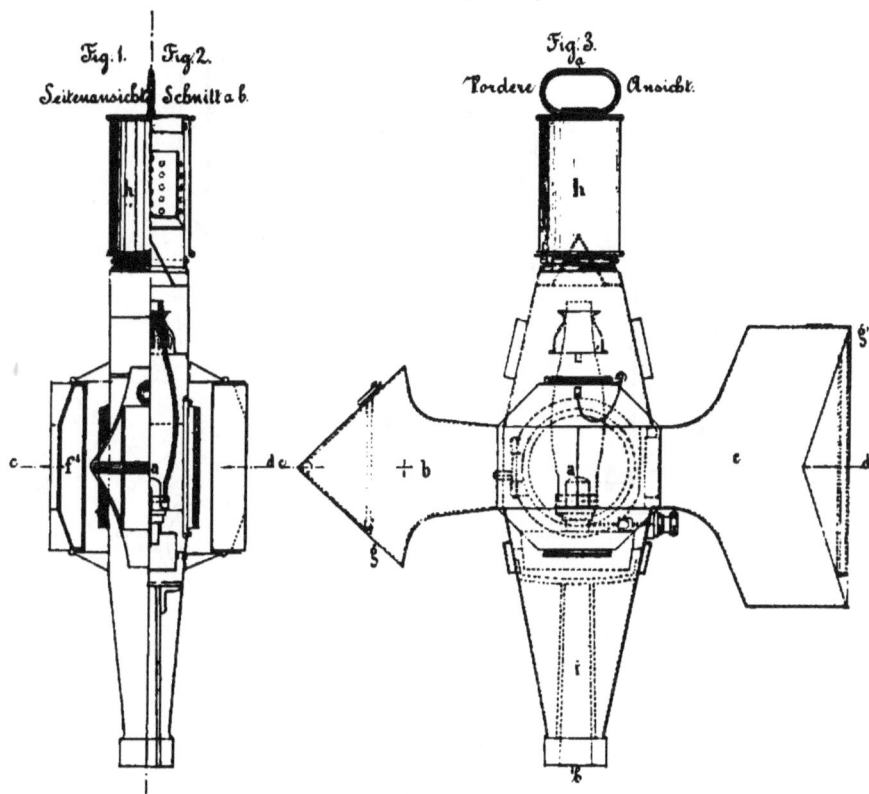

Fig. 1.   Fig. 2.
Seitenansicht.   Schnitt a b.

Fig. 3.
Vordere   Ansicht.

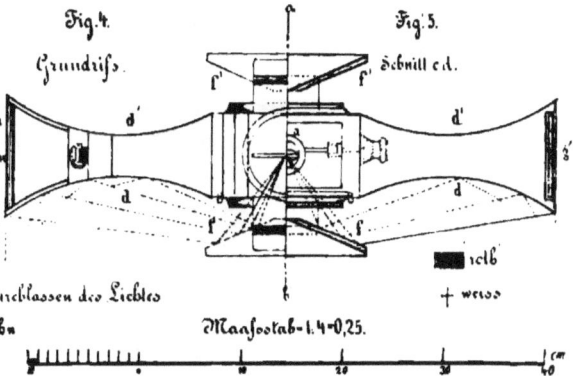

Fig. 4.
Grundriss.

Fig. 5.
Schnitt c d.

Beschreibung.

a Licht im Centrum des Signals

b Seitenfläche des Signals in Pfeilform

d d d Querschnitte dieser Seitenflächen derart construirt, dass eine gleichförmige Beleuchtung stattfindet

M ebene Spiegel als Reflectoren.

g g Mattgeschliffene Gläser zum Durchlassen des Lichtes bei der Stellung für die gerade Bahn

h Petroleumstein.

i Aufsteckhülse.

■ roth   + weiss

Maassstab 1 : 4 = 0,25.

Optischer Telegraph mit Nachtsignalvorrichtung
(Braunschweigsche Bahn.)

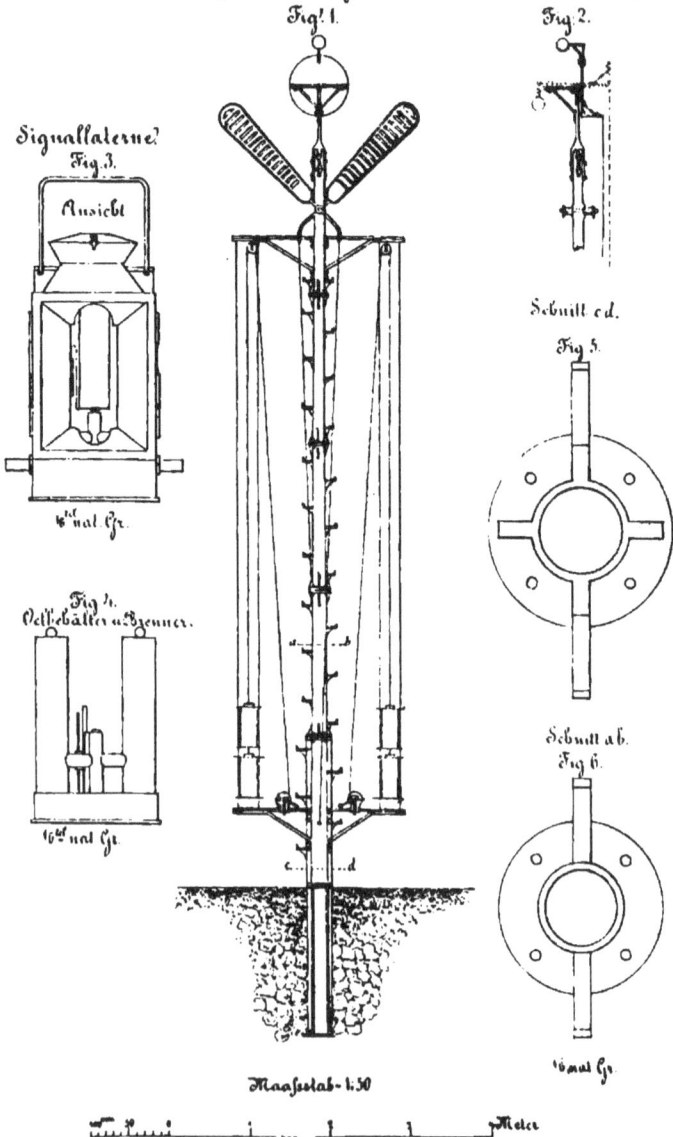

Fig. 1.

Fig. 2.

Signallaterne
Fig. 3.

Ansicht

Schnitt c d.
Fig. 5.

⅙ nat. Gr.

Fig. 4.
Oelbehälter u. Brenner.

Schnitt a b.
Fig. 6.

⅙ nat Gr.

⅙ nat. Gr.

Maaßstab 1:50

Meter

Trentler'scher Tag- und Nacht-Telegraph
(Breslau-Freiburger Bahn).

Seiten-Ansicht.
Fig. 7

Vorder Ansicht
Fig. 8

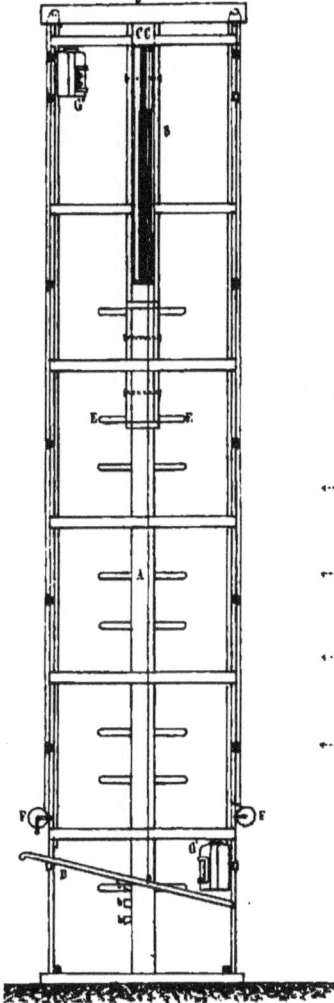

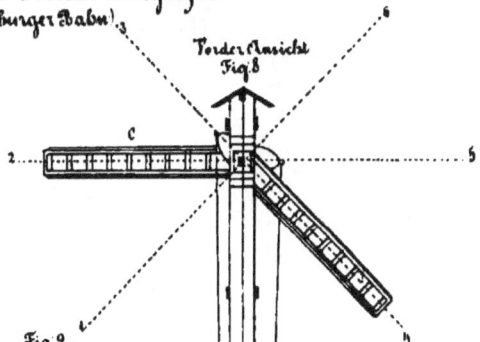

Fig. 9.
Schnitt durch den Flügel.
in doppeltem Maßstab.

Licht   Licht

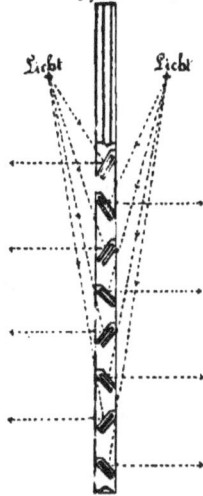

Maaßstab 1.30.

gez v. G. Bossert
1868.

Signalvorrichtungen für Eisenbahnen

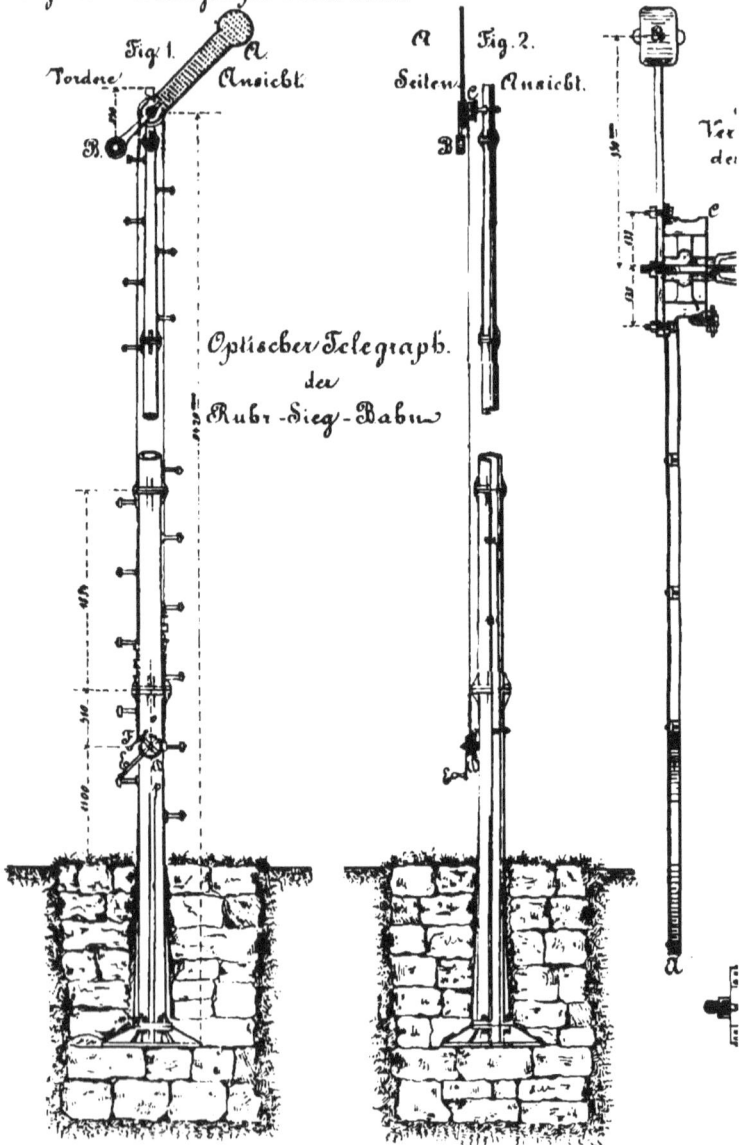

Fig. 1.

Fordne
B.

A.
Ansicht.

A
Seiten

Fig. 2.

Ansicht.

Optischer Telegraph.
der
Ruhr-Sieg-Bahn

Ver
der

Optische Telegraphen.

(Vorpommersche Bahn.)

Fig. 2.
Ansicht von der
Station aus.

Vordere
Ansicht.
Fig. 6.

Fig. 1

Seiten-
Ansicht

Fig. 5.

Seiten-   Ansicht.

Ansicht von der Seite
der ankomenden Züge.

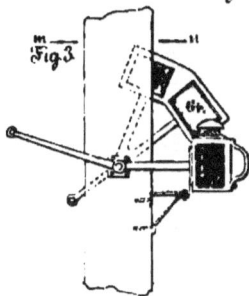

Fig. 3.

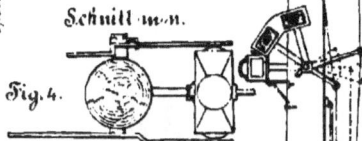

Schnitt m·n.

Fig. 4.

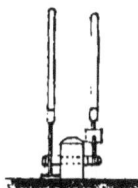

Schnitt p·q

Fig. 7.

Stellhebel.

Maaßstab ⅓₀=0,033.

100 Centim.

½ Meter.

■ roth   ■ grün.

Fig. 1 bis 4
Telegraphen vor den Bahnhöfen.

Fig. 5 bis 7
Telegraphen bei den Wärterstationen.

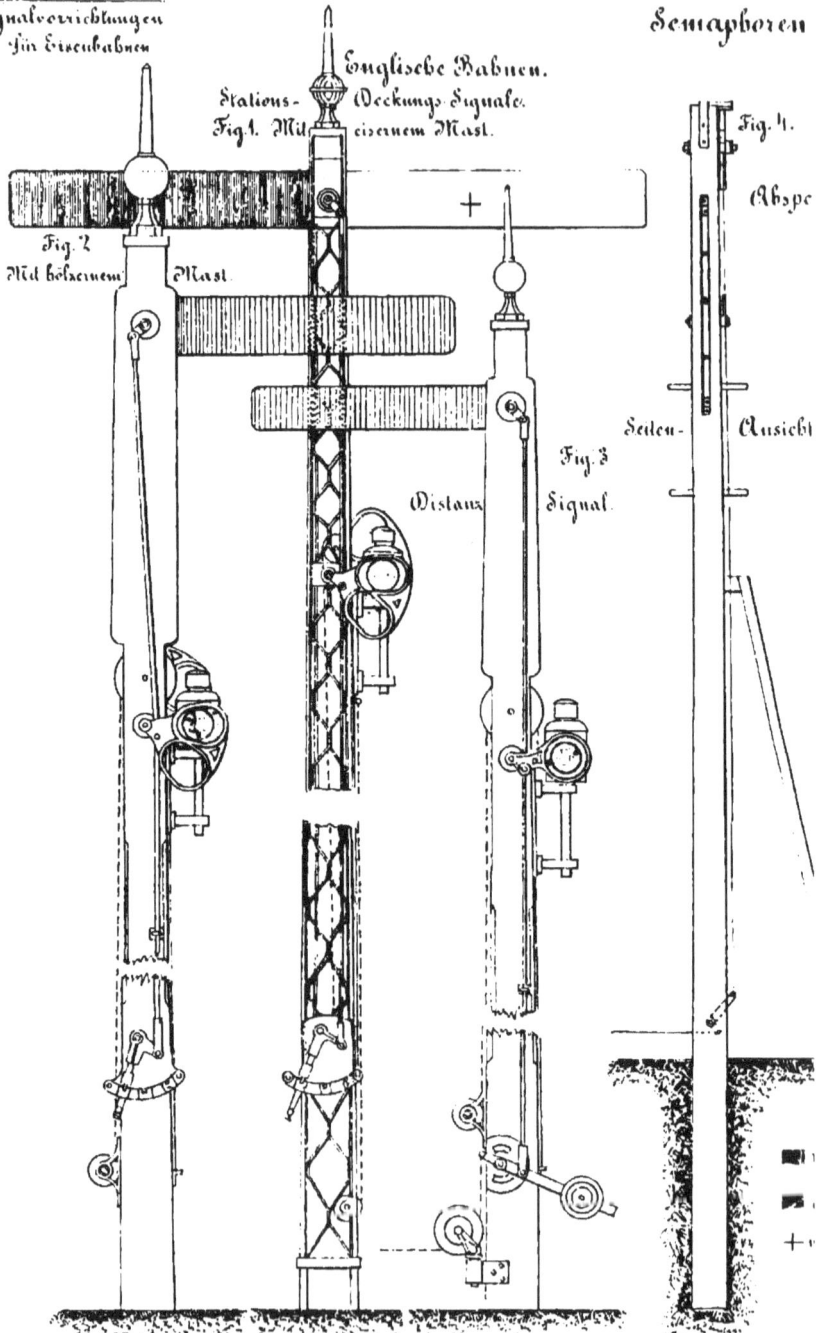

Signalvorrichtungen
für Eisenbahnen

Semaphoren

Englische Bahnen.

Stations-
Fig.1. Mit

Deckungs-Signale.
eisernem Mast.

Fig. 4.

(Abspe

Fig. 2.
Mit hölzernem   Mast.

Seiten-   Ansicht

Distanz   Fig. 3

Signal.

Königl. sächsische Staatsbahnen.

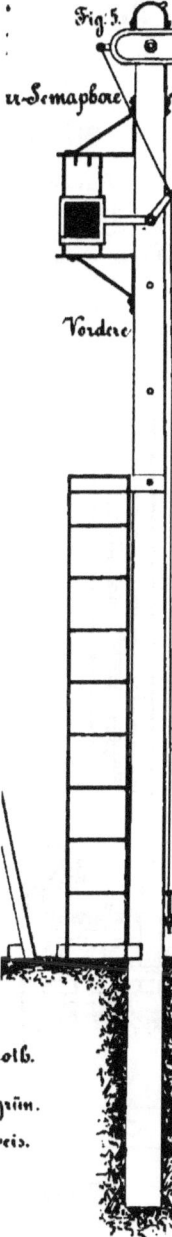

Fig. 5.

u-Semaphore

Vordere Ansicht.

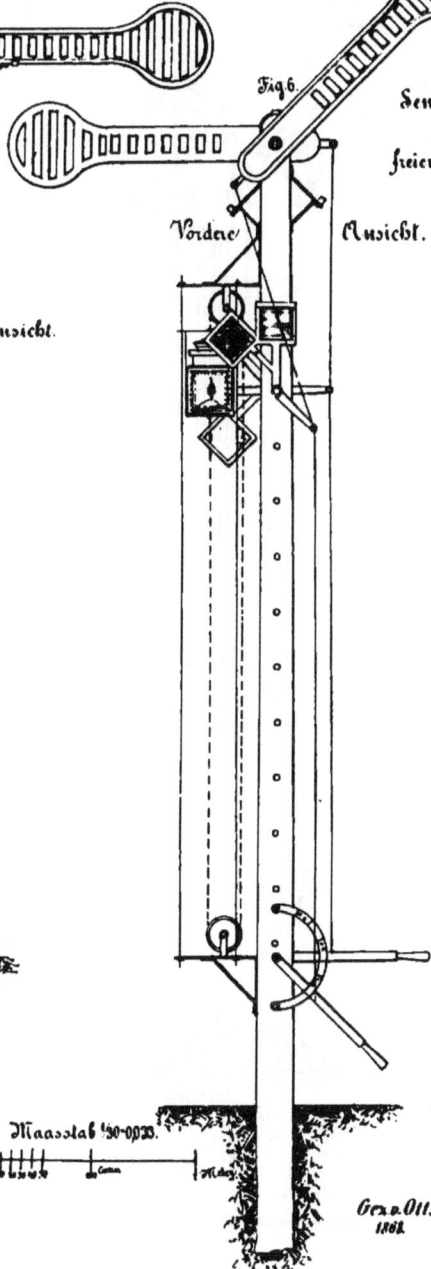

Fig. 6.

Vordere Ansicht.

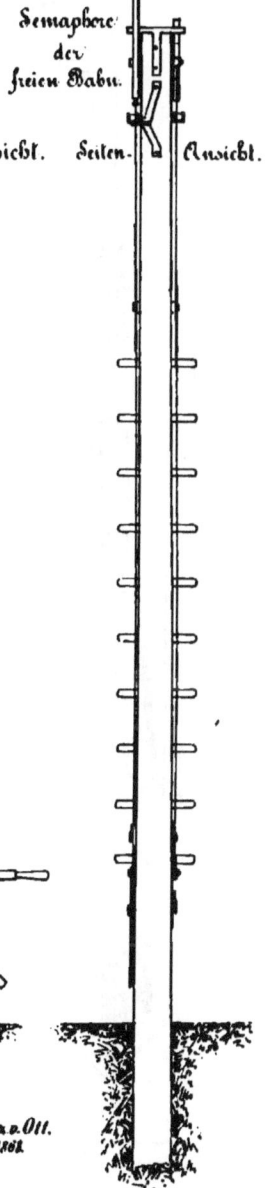

Blatt 8.

Fig. 7.

Semaphore der freien Bahn.

Seiten- Ansicht.

olb.
grün.
weis.

Maasstab 1/30-000.

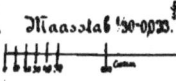

Gez. v. Ott.
1861.

Signalvorrichtungen
für Eisenbahnen.

Wendescheibe
Lyoner Bahnen.

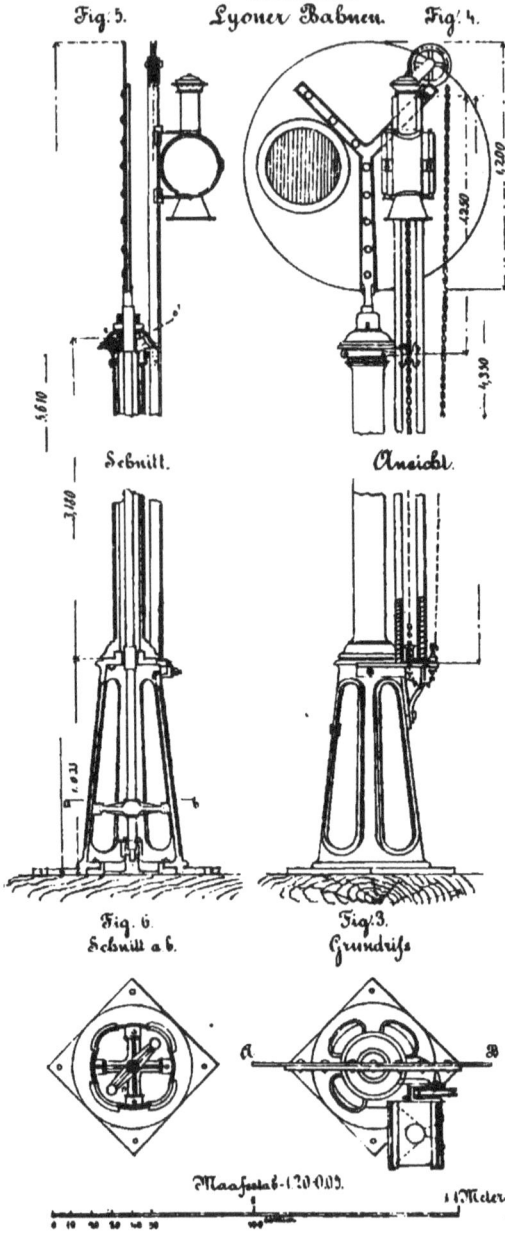

Wendescheiben und
Telegraph.

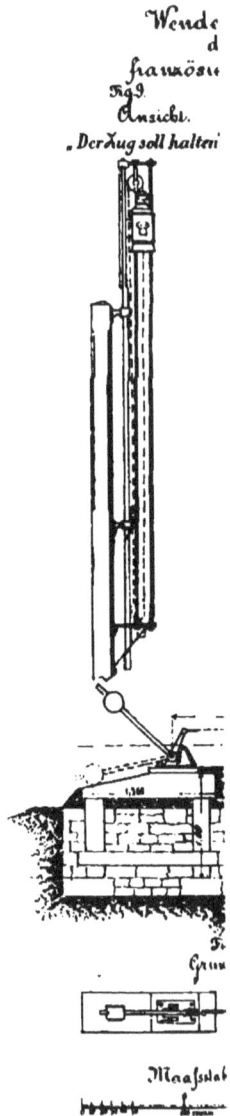

Fig. 5.

Fig. 4.

Wende
d
französis
Fig. 9.
Ansicht.
„Der Zug soll halten"

5,610

3,40

4,200

4,330

4,330

Schnitt.

Ansicht.

Fig. 6.
Schnitt a b.

Fig. 3.
Grundriss

a

B

Maasstab 1:20.000.

1 Meter.

Maasstab

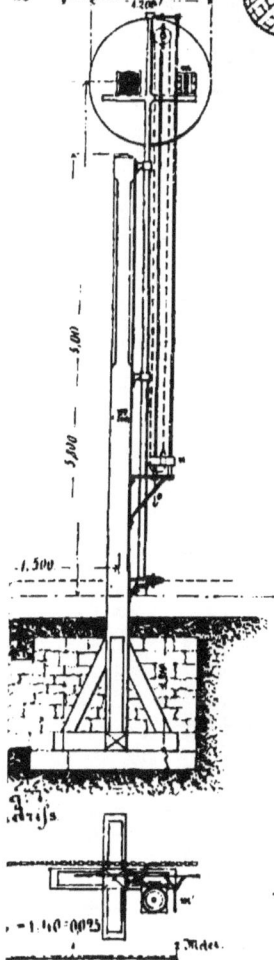

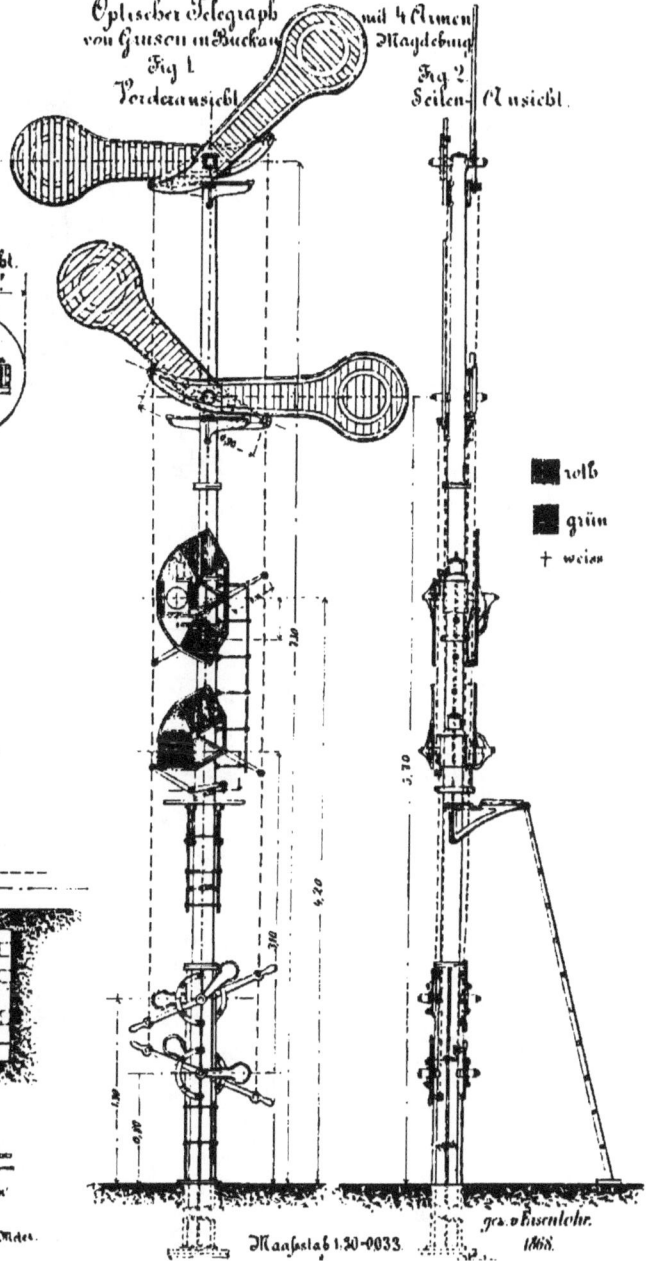

und optischer

dscheibe
auf den Ostbahn
Fig. 8.
Ansicht.
"Die Bahn ist frei"

Optischer Telegraph   mit 4 Armen
von Guson in Buckau   Magdeburg
Fig. 1.
Vorderansicht.

Fig. 2.
Seiten-Ansicht.

roth
grün
+ weiss

ges. v. Eisenlohr.
1868.

Maassstab 1:30 = 0,033

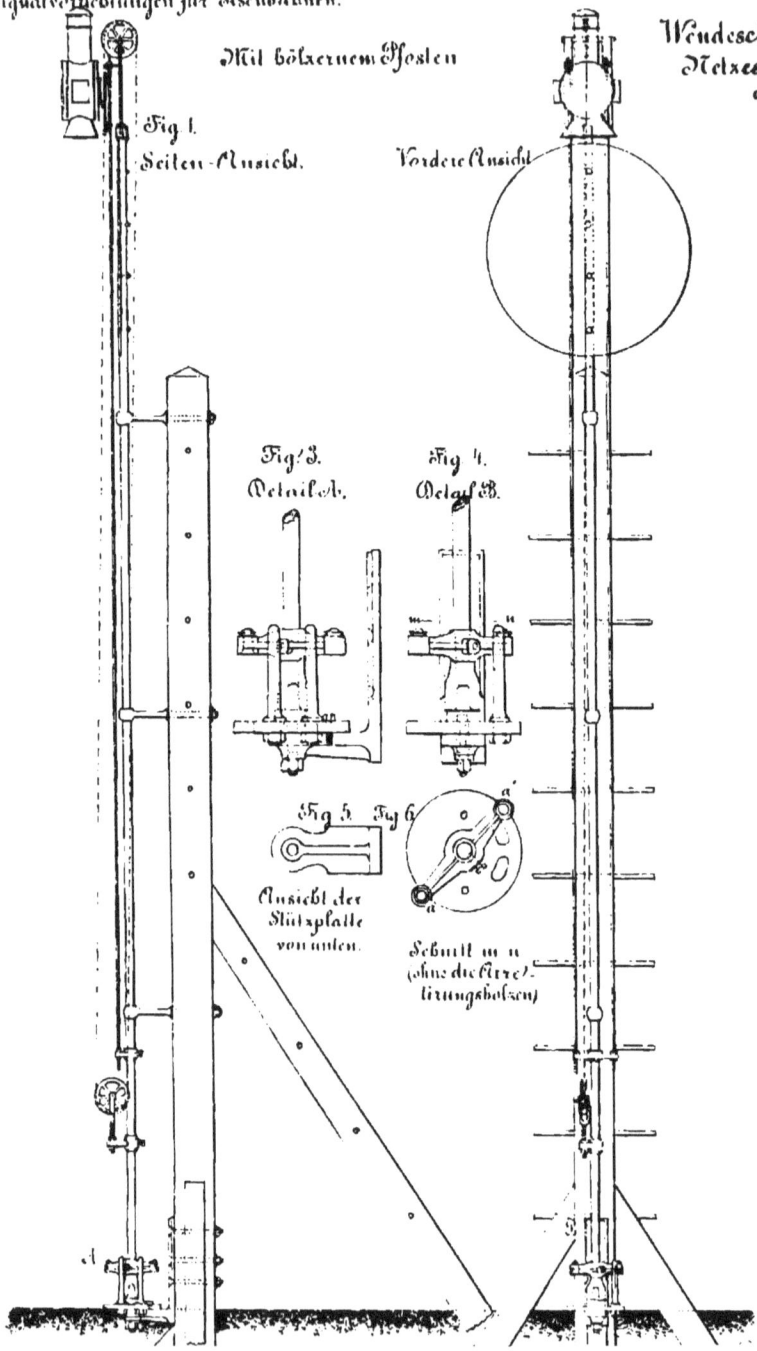

Signalvorrichtungen für Eisenbahnen.

Mit hölzernem Pfosten

Wendescheil
Netzes de
Ba

Fig 1.
Seiten-Ansicht.

Vordere Ansicht

Fig 3.
Detail A.

Fig 4.
Detail B.

Fig 5.   Fig 6.

Ansicht der
Stützplatte
von unten.

Schnitt m n
(ohne die Arre-
tirungsbolzen)

...ben des Central-
der Orleans-
bahnen.

Mit eisernem Gestell.

Fig: 7.
Vordere Ansicht.

Fig: 8.
Seiten-A.

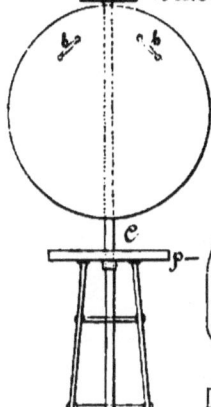

Fig: 9.
Standplatte C.
Grundriß.

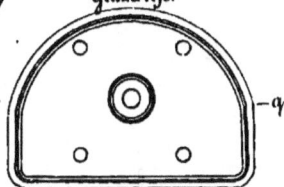

e

p—

—q

Fig: 10.
Schnitt pq.

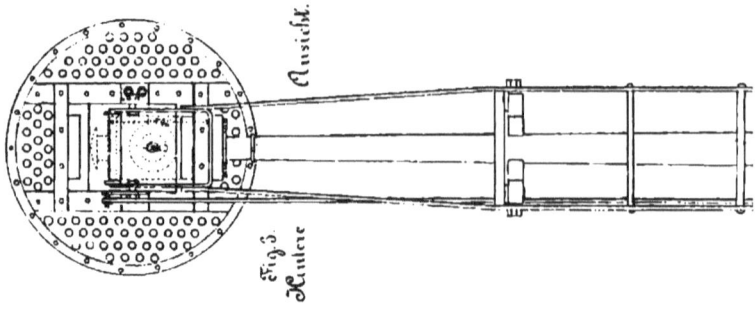

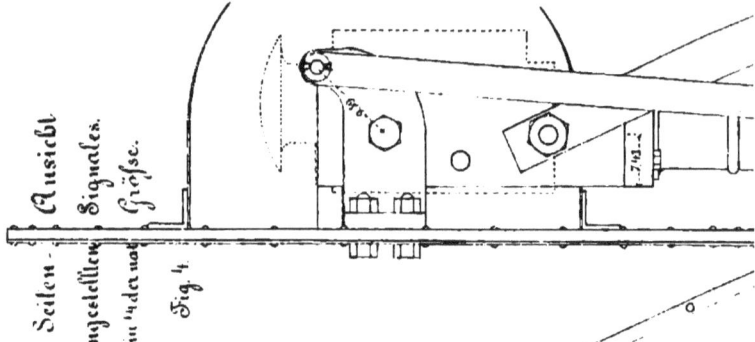

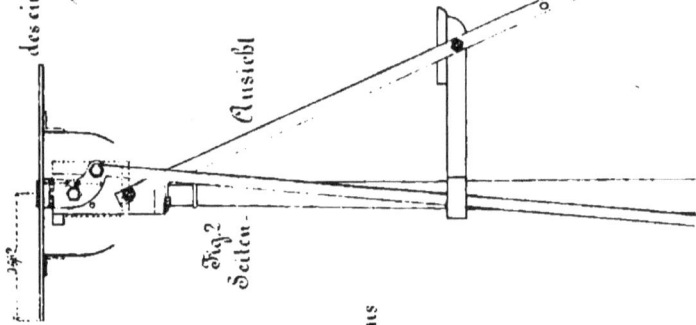

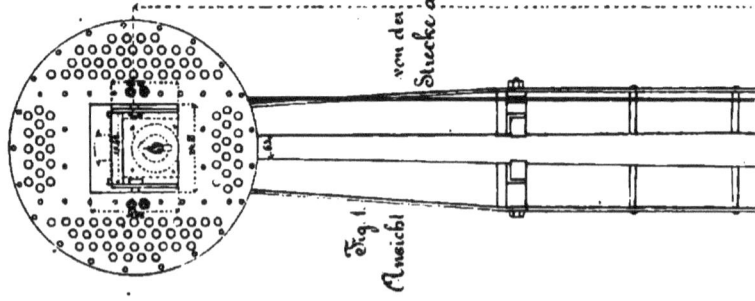

Blatt 11

Signalvorrichtungen für Eisenbahnen:

Wendescheibe!

Albanische Eisenbahn

Fig. 1
Ansicht
von der Strecke aus

Fig. 2
Seiten-
Ansicht

Fig. 4
Seiten-Ansicht
des eingestellten Signales.
in ¼ der natürl. Größe.

Fig. 3
Hintere
Ansicht.

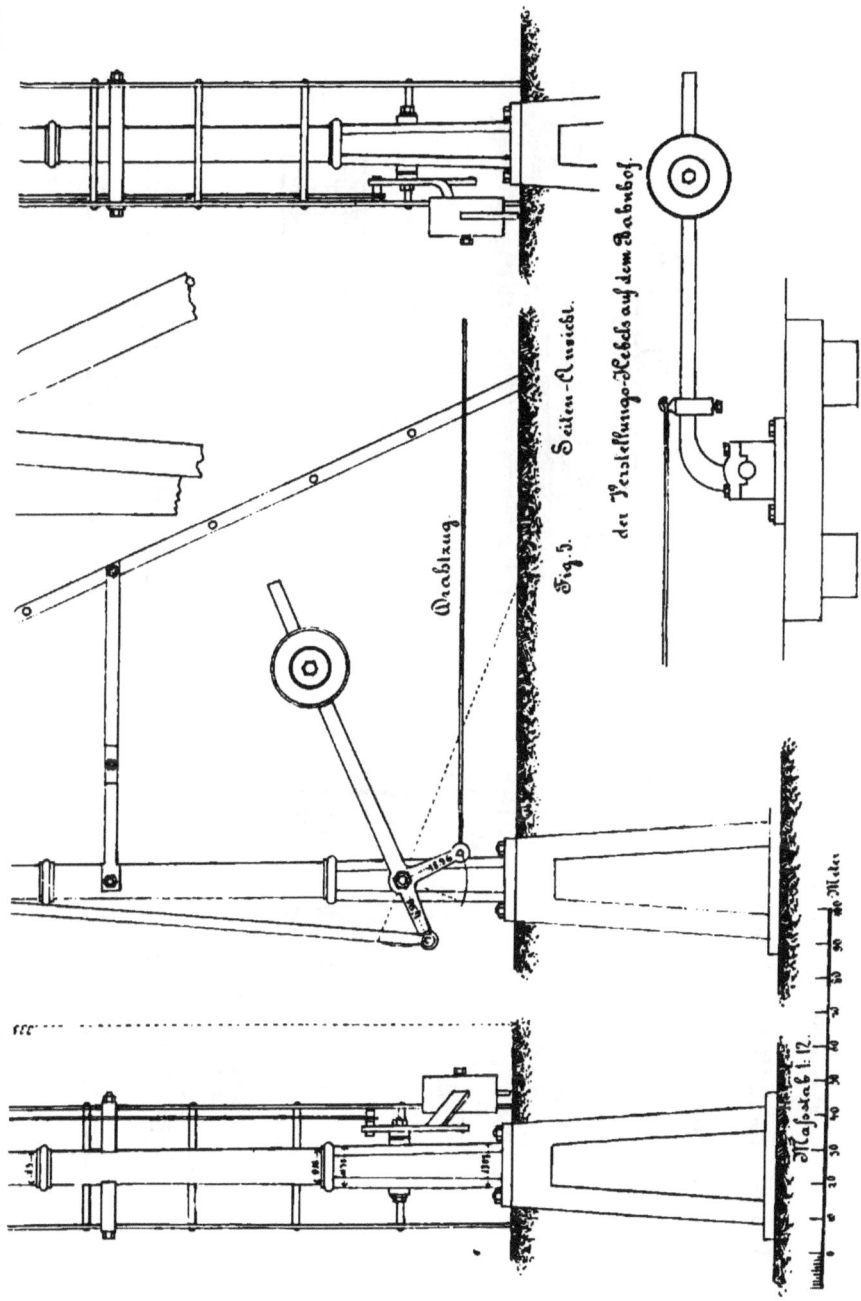

Drahtzug

Fig. 5. Seiten-Ansicht.

der Verstellungs-Hebels auf dem Bahnhof.

Maßstab 1 : 12.

Meter

Signaleinrichtungen für Eisenbahnen.

Compensationsstellhebel von Röbert.

Automatische Wendescheibe.

Fig. 1 Seitenansicht.

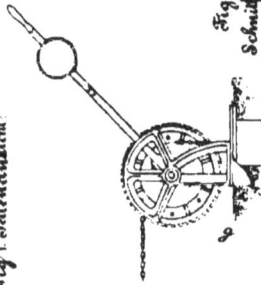

Fig. 2. Vorderansicht.

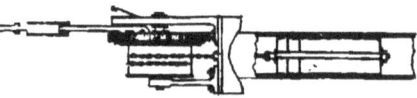

Fig. 4.
Schnitt ab.

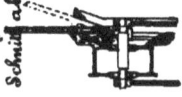

Fig. 3 Grundriss.

Maaßstab 0,05.

Fig. 5. Ansicht.

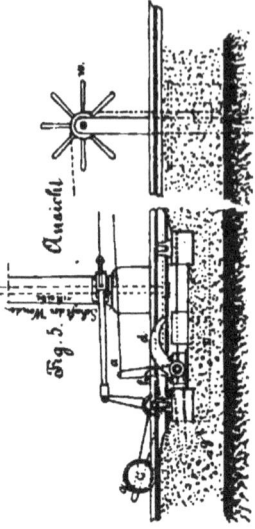

Fig. 6 Grundriss.

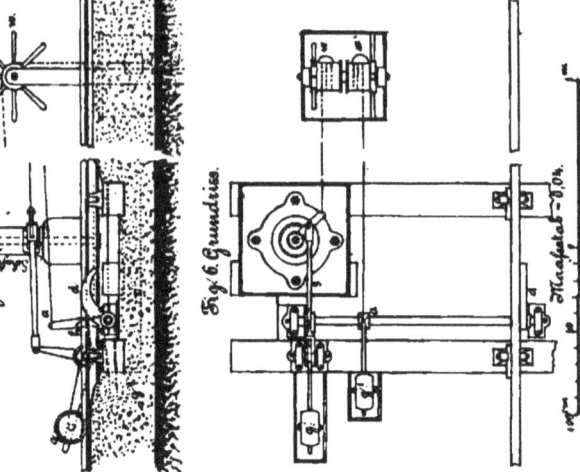

Maaßstab = 0,05.

ges. von H. Kobel.
1861.

Signalvorrichtungen für Eisenbahnen.

Knallsignal mit Drahtzug beweg.

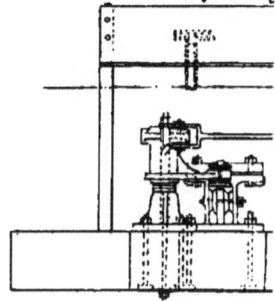

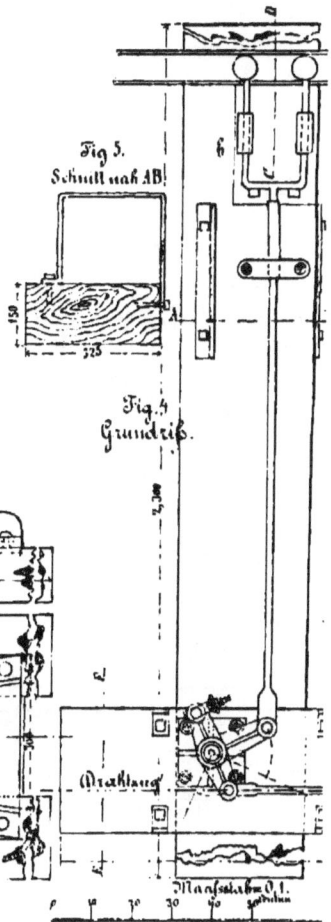

Compensationsvorrichtung für Drahtzüge.

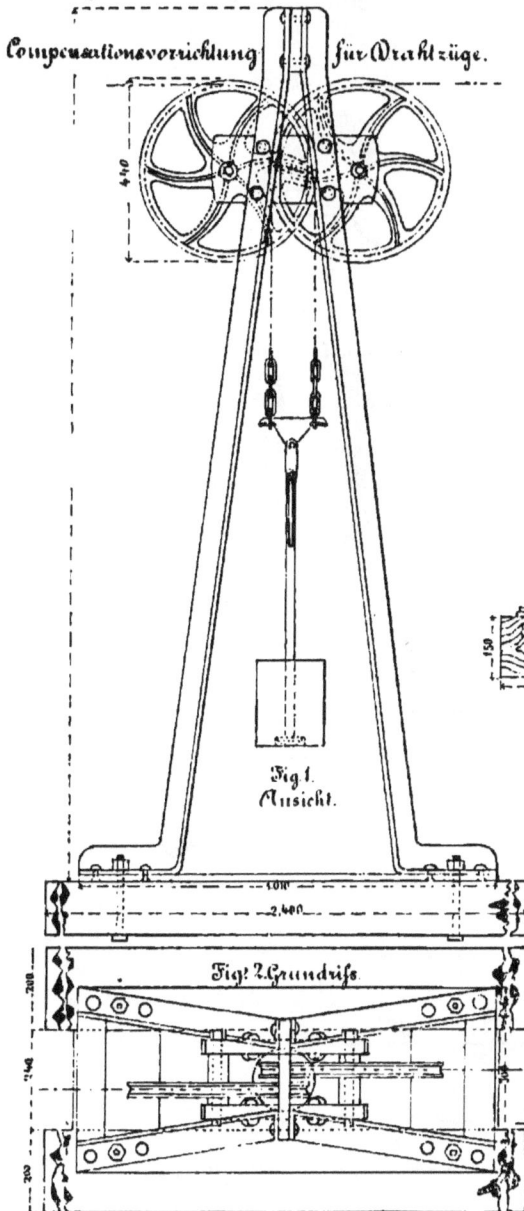

Fig. 1.
Ansicht.

Fig. 2. Grundriss.

Fig. 5.
Schnitt nach AB.

Fig. 4.
Grundriss.

Drahtzug.

Maassstab 0,1.

Fig. 3. Ansicht.

165

Schienenkopf.

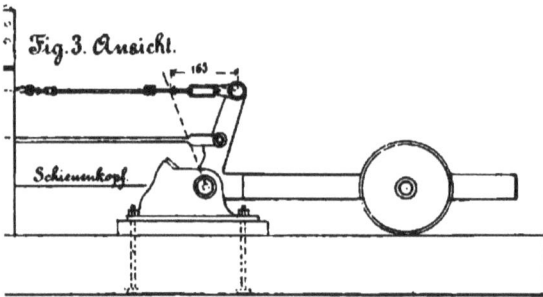

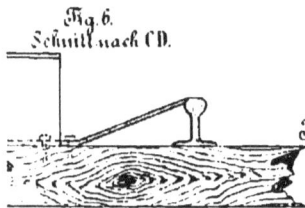

Fig. 8 Blechbüchse für Knallkapseln.

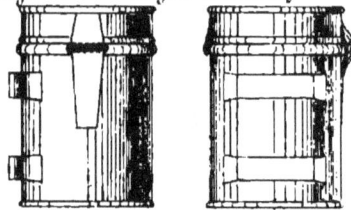

Fig. 6.
Schnitt nach CD.

Fig. 9. Befestigung der Knallkapsel am Schienenstoss.

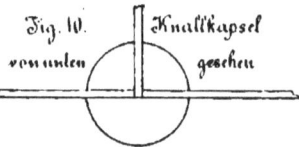

Fig. 7. Schnitt nach EF.

R=150

Fig. 10.
von unten   Knallkapsel
                 gesehen

Fig. 8 bis 10. Halbe natürliche Grösse.

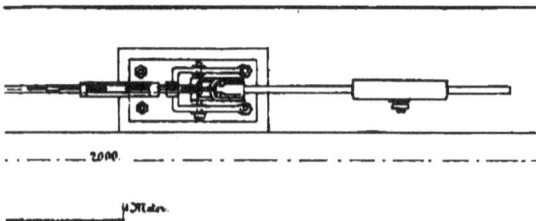

2000

½ Meter.

gez. von.
V. Welikanoff.
1868.

Stellhebel für Wendescheiben mit

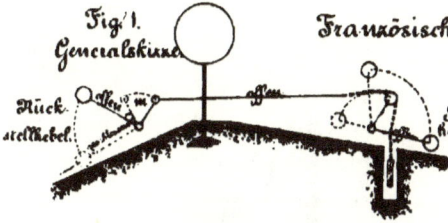

Fig. 1.
Generalskizze

Französische Ostbahnen.

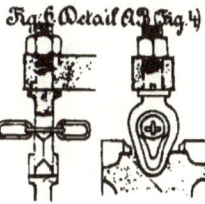

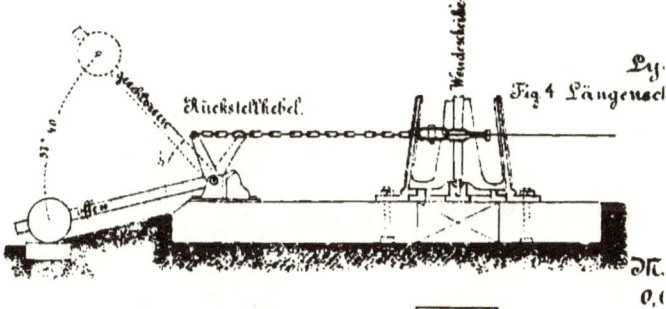

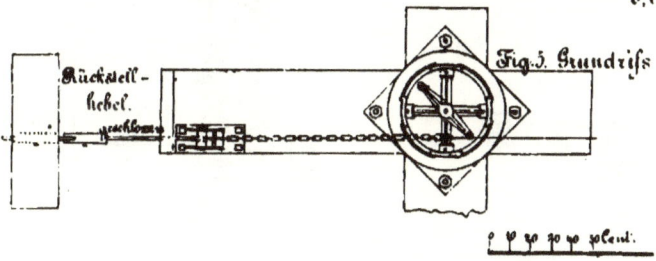

Länge d

Rück
stellhebel.

Stell-
hebel.

Maaßstab
0,05 - 1/20

Fig. 6. Detail (zu Fig. 4)

C.

Fig. 4 Längensc

Wendescheibe

Rückstellhebel.

Fig. 5. Grundriss

Rückstell-
hebel

plan.

Compensationsvorrichtung.

Kette 2 = 50.

Fig. 2
Stellhebel
(Detail
von
Fig. 1

Schnitt C D.

Fig. 3 Grundriss.

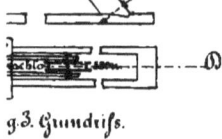

Fig. 7

Stellhebel
von
Stevens.

Maassstab
0,05 = 1/20.

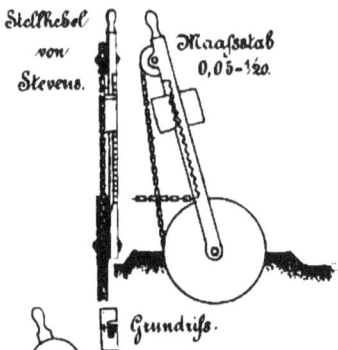

Grundriss.

Fig. 6.

Stellhebel.

ner Bahn
mitt.
Drahtleitung

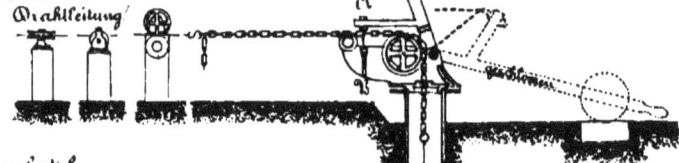

Maassstab
5 = 1/20.

Drahtleitung

Stellhebel
geschlossen.

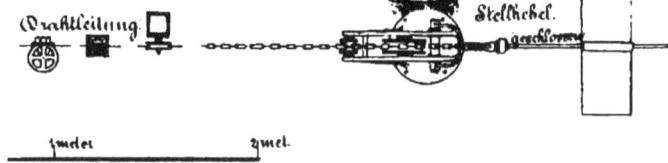

fünf zwei.

gez von G. Holz.
1868.

Signalvorrichtungen für Eisenbahnen.

Repetitionsscheiben.

Hauptscheibe, Repetitionsscheibe und Stellhebel bei einem Drahtzuge.

Stellvorrichtung bei zwei Drahtzügen.

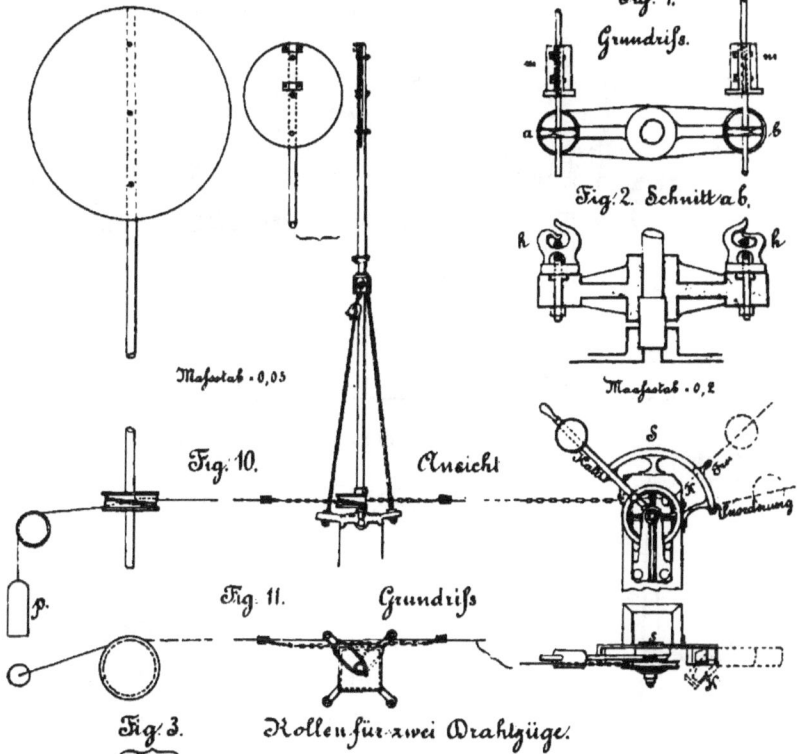

Fig. 1.

Grundriß.

Fig. 2. Schnitt a.b.

Maßstab · 0,2

Maßstab · 0,05

Fig. 10. Ansicht

Anordnung

Fig. 11. Grundriß

Fig. 3. Rollen für zwei Drahtzüge.

Ansicht

Fig. 4.

Ansicht

Fig. 3 u. 4 Aeltere Anordnung.

Fig. 5. Fig. 5 u. 6 Neuere Anordnung.

Fig. 6.

Grundriß

Fig. 14.

Sicherheitsvorrichtung
auf den Bahnhöfen
Neuss und Crefeld

Drähte nach bad.
Zwei Rollen

Drähte nach
a und c.

Fig. 13. Situation.

Bahnhof.

Fig. 8.

Fig. 12. Stellhebel
der königl. sächsischen
östlichen Staatsbahnen

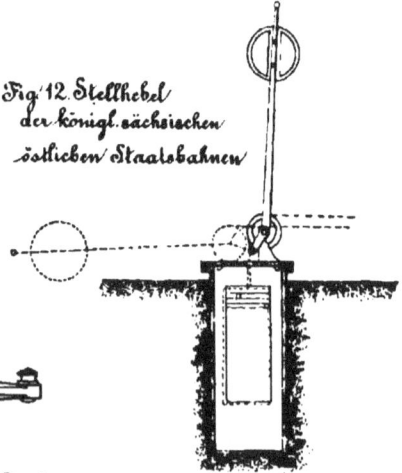

Fig. 7.

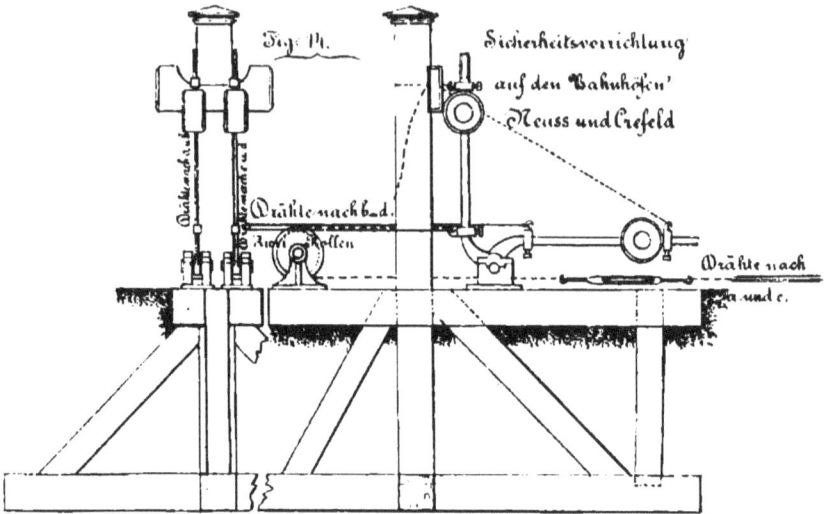

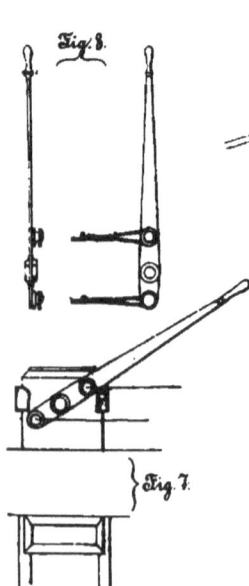

Fig. 7 u. 8 Stellhebel für
zwei Drahtzüge.

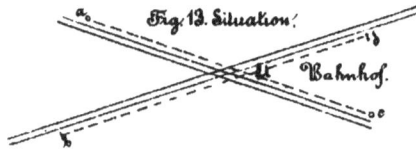

Fig 9

Endpuncte des Drahtzuges
an der Wendescheibe.

gez von
A. Hunkeler
1868.

Combinirte Weichen und Si

Chambers System.

Fig. 1. Vorderansicht.

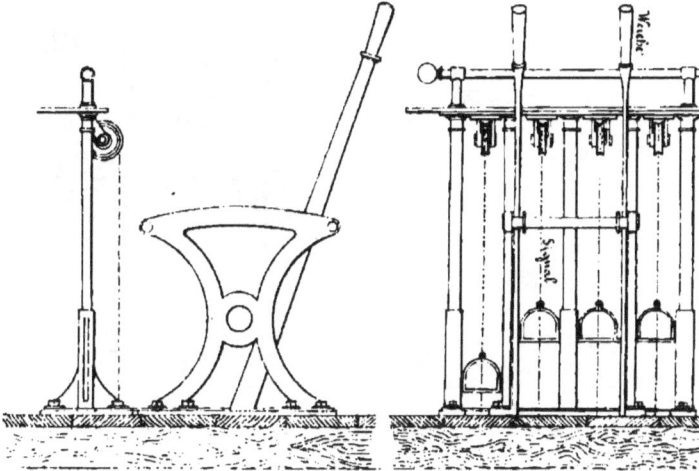

Fig. 3. Grundriß.

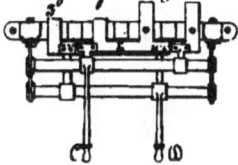

Fig. 6. Ansicht
des Signalbä

Fig. 4. Vorderansicht.
C   D

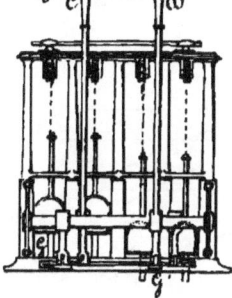

Fig. 5. Seitenansicht.
C   D

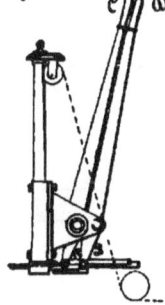

(Die Figuren si
daher kein bestü

gnal-Zugvorrichtungen.

Stevens System.

Fig. 8. Vorderansicht.

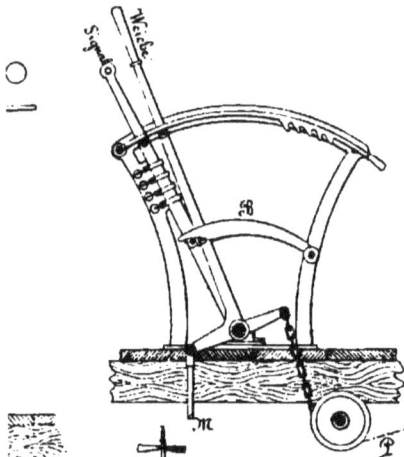

Fig. 9. Seitenansicht.

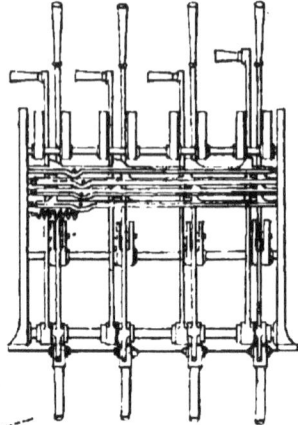

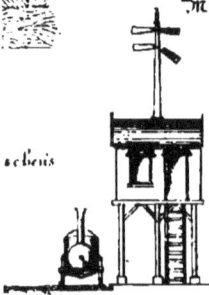

Fig. 10. Grundriß

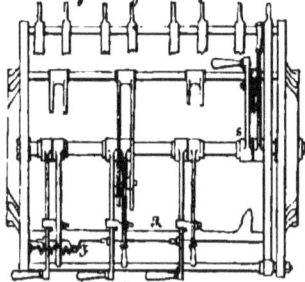

Fig. 7. Situation.

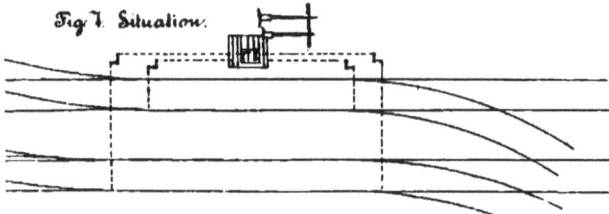

d skizirt,
(er Maaßstab)

gez. von O. v. Kellenbach.
1868.

Signalvorrichtungen für Eisenbahnen.

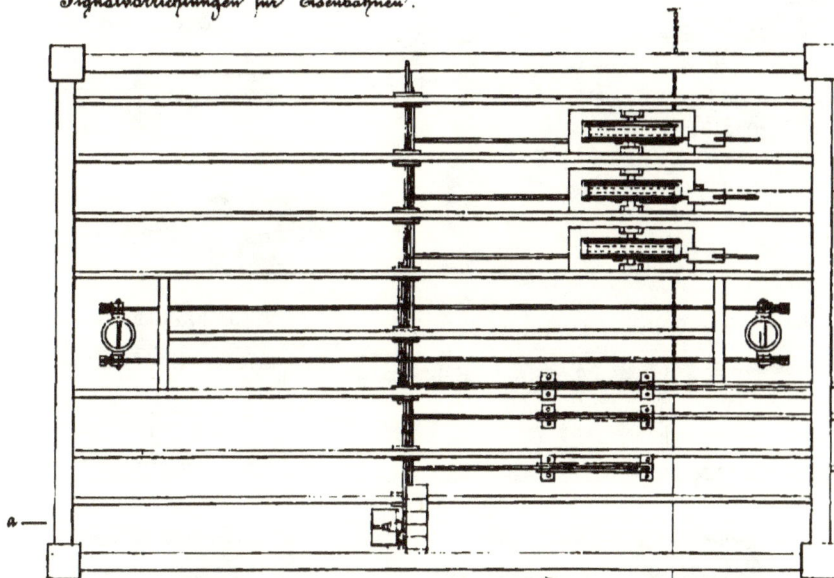

Fig 4. Grundriss.

Stevens & Son's
System.

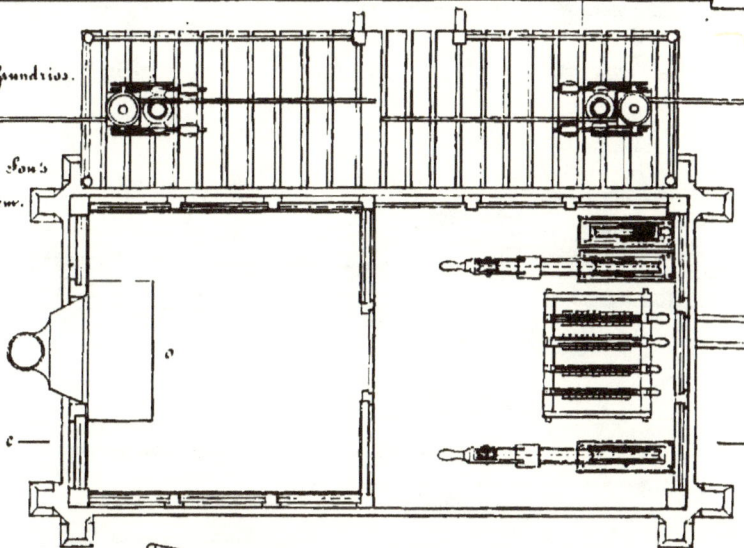

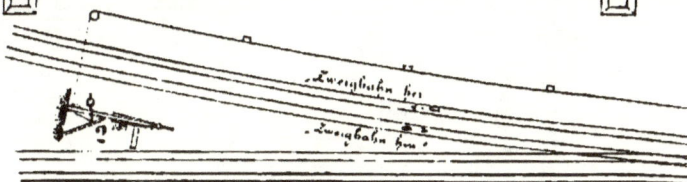

a ⎯

c ⎯

Zweigbahn hei

Zweigbahn hei

Signalvorrichtungen für Eisenbahnen

Französische Signal

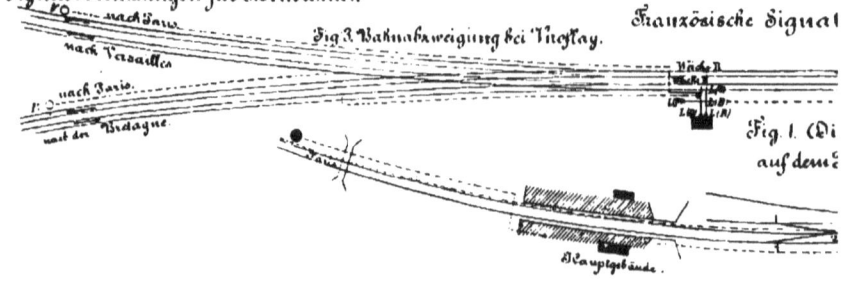

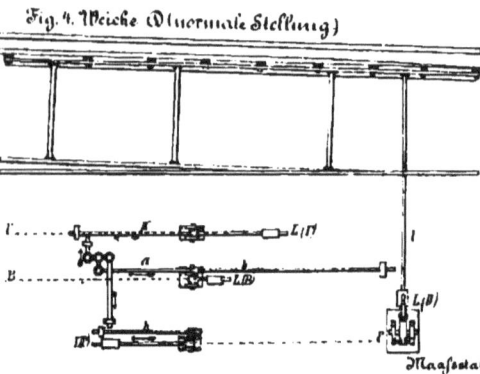

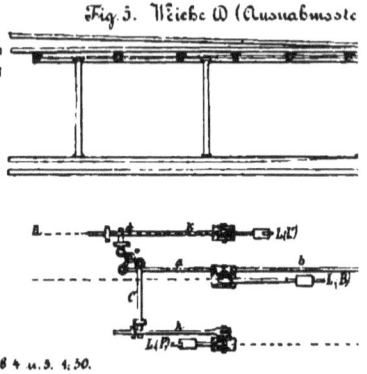

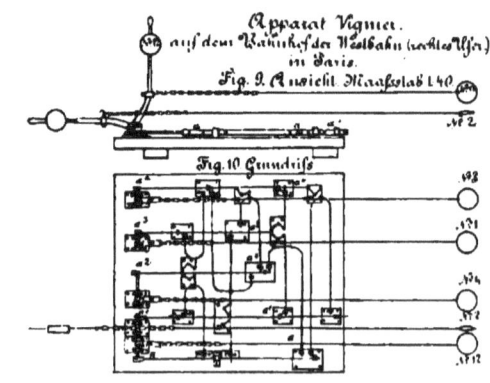

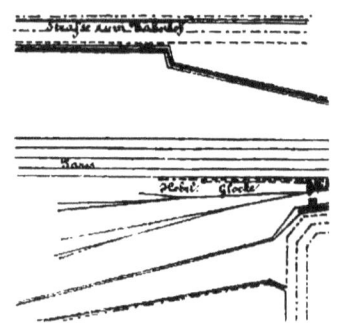

nach Jaux.

nach Versailles.

nach Paris.

nach der Bretagne.

Fig. 3. Bahnabzweigung bei Ingslay.

Fig. 1. (Di

auf dem

Hauptgebäude.

Fig. 4. Weiche (D (normale Stellung)

Fig. 5. Weiche D (Ausnahmsste

Maaßstab 4 u. 5. 1:50.

Fig. 6. Bahnabzweigung bei Colombes.

Maaßstab 1:500.

nach Paris

nach Paris

Signal c 172.

nach Paris

Signal b 173.

Signal a 174.

nach St. Germain

Weiche

Apparat Vignier.

auf dem Bahnhof der Westbahn (rechtes Ufer)

in Paris.

Fig. 9. Ansicht. Maaßstab 1:40.

Fig. 10. Grundriß

Straße zum Bahnhof

Paris

Köln. Glocke.

richtungen. Apparat Signia

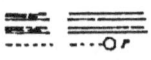

○ Rothe Signalscheibe.
○ grüne " "
○ Gelbe " "

Position der Signale
Bahnhof von St. Cyr. Posten N̄o I. (Abzweigung)

Posten N̄o 2

ung's

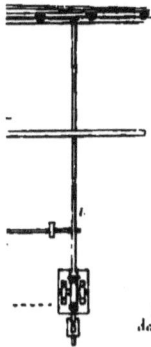

Bahnabzweigung bei Colombes
Hebel und Riegelwerk
Fig. 7. Ansicht.

Draht des Signales N̄o 2
Drähte des Signales N̄o 1 u 2

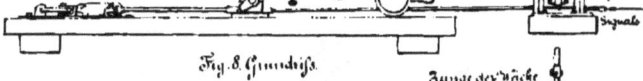

Draht
des grünen
Signals

Fig. 8. Grundriss.

Zunge der Wäche

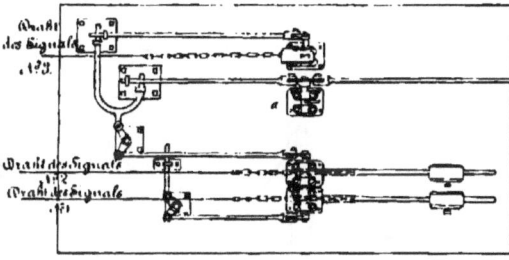

Draht
des grünen
Signals

Draht
des Signals
N̄o 3.

Draht des Signals
Draht des Signals
N̄o 1

nach Paris

eine Signal.

Maassstab 1:25

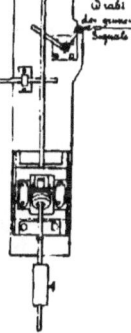

Fig. 2. Disposition der Signale
auf dem Bahnhof von Soissons.

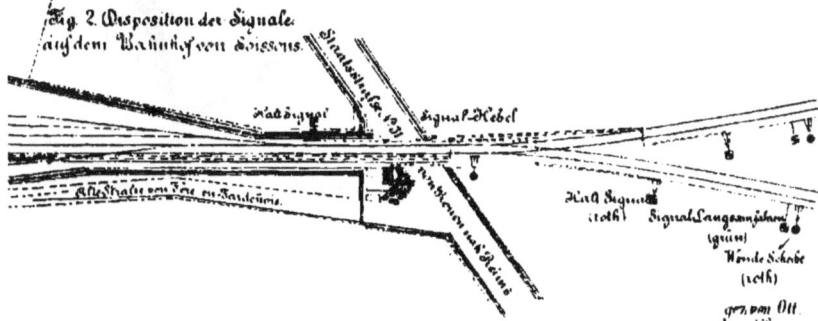

Signal-Hebel

Halt-Signal

Halt Signal
(roth)

Signal Langsamfahren
(grün)

Wende-Scheibe
(roth)

gez. von Ott.

Signalvorrichtungen für Eisenbahnen.

Sächs.Östliche Staa

Fig.3.
Detail A.

¼ nat.Größe

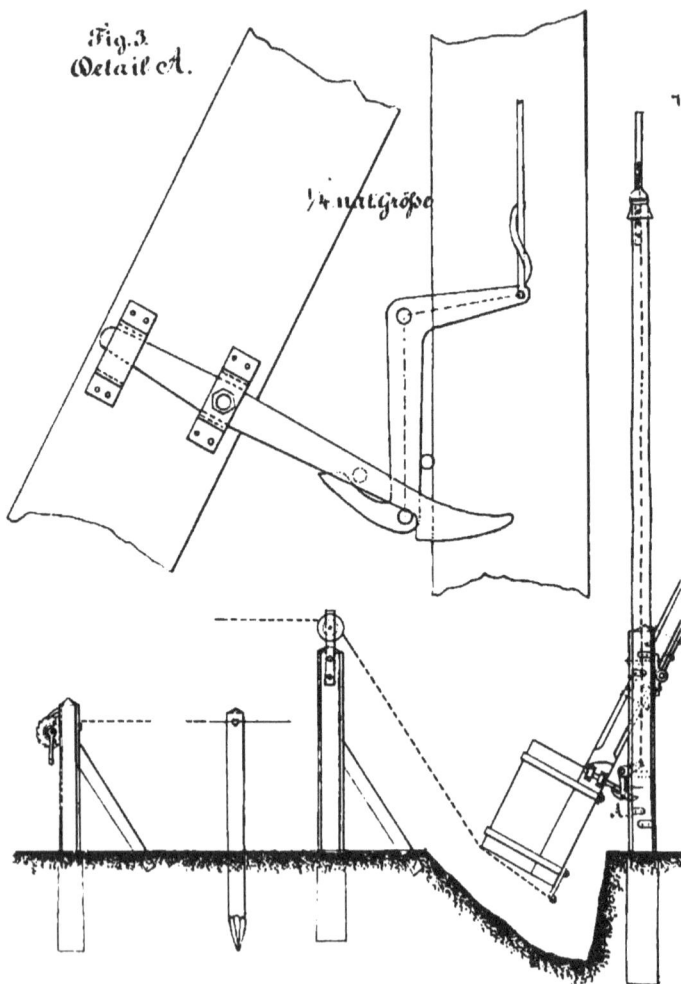

Signalvorrichtungen für Eisenbahnen.

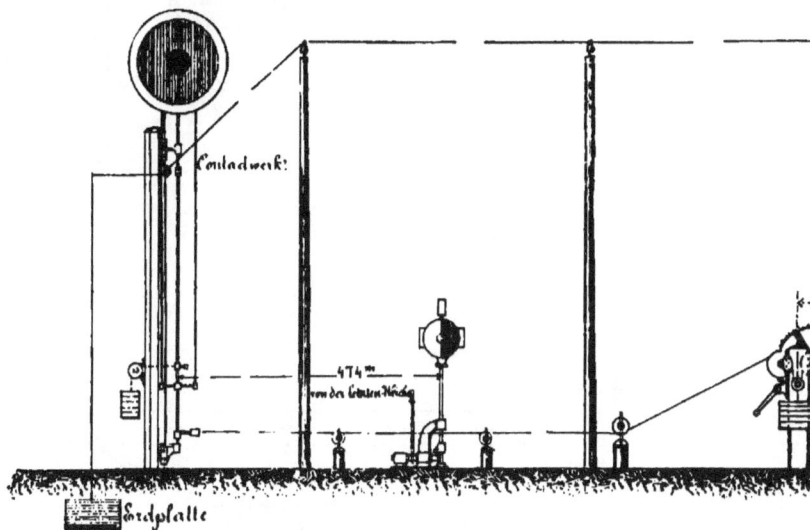

Entladwerk.

474 m.
von der äußeren Fläche

Erdplatte

Fig. 2.
Ansichten

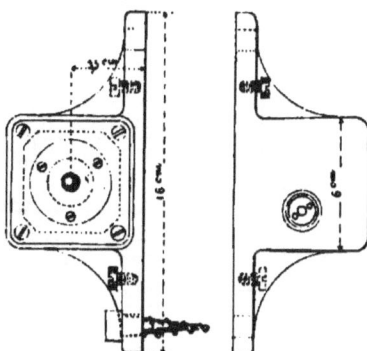

Fig. 3.
Schnitt ab.

Blatt 21.

Signalvorrichtungen für Eisenbahnen.

Electrisches Klingelwerk.

Fig. 2.

Seiten-Ansicht.

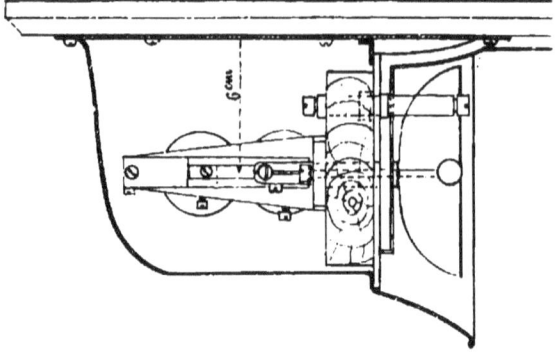

Fig. 1.

Ansicht.

½ Natur-Größe.

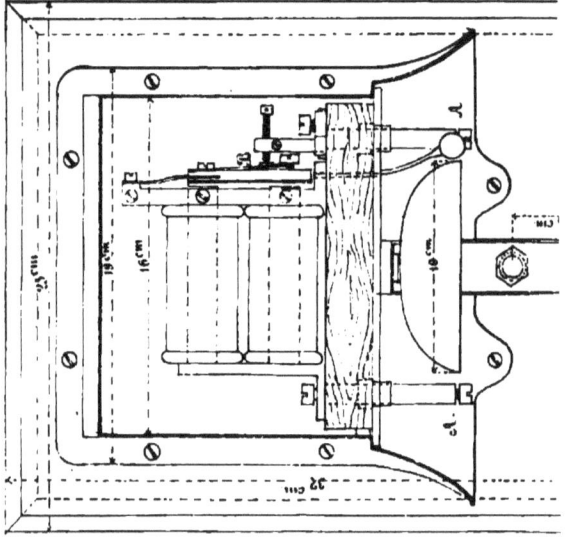

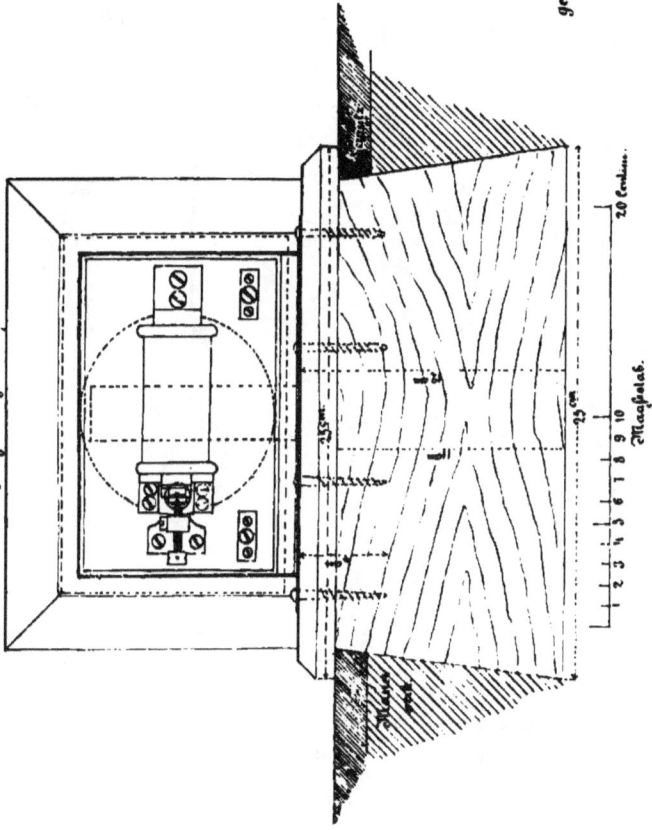

Fig. 3 Grundriß.

gez. von Rytel.
1861.

20 Centim.

Maaßstab.

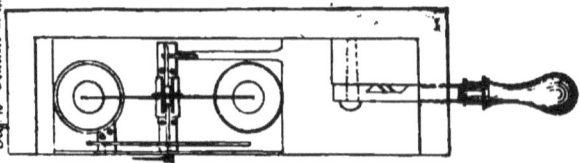

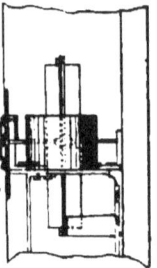

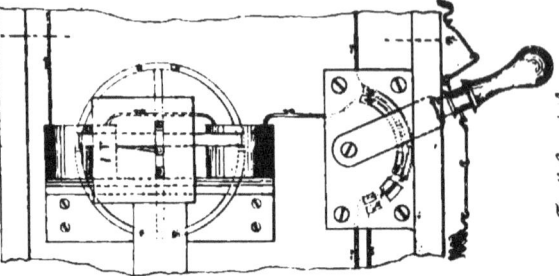

Blatt 22.

Fig. 10 Schnitt m-n.

Bain's Apparat.

Fig. 9 Ansicht.

Fig. 11 Grundriss.

Nadelsignal-Apparate.

Tyer's Apparat.

Fig. 4.

Fig. 5.

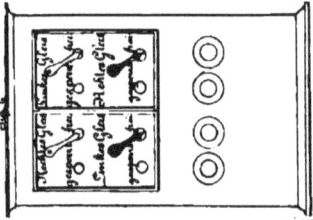

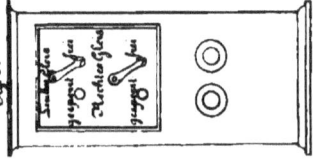

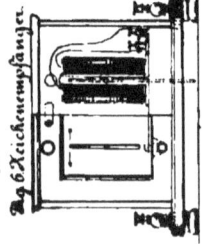

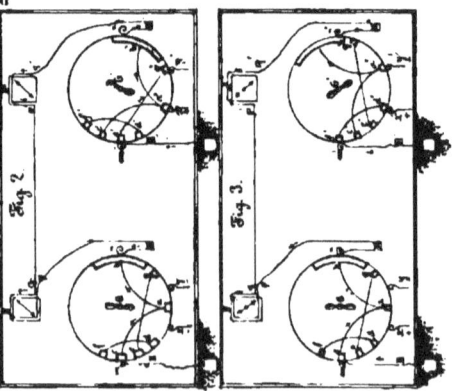

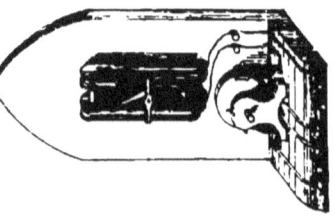

Signalvorrichtungen für Eisenbahnen.

Regnault's Apparat.

Fig. 6 Zeichenempfänger.

Fig. 8 Unterbrecher.

Fig. 7 Zeichengeber.

Einfaches Nadelsignal.
Verbindung der Leitungen zweier Signalposten.

Fig. 2

Fig. 3

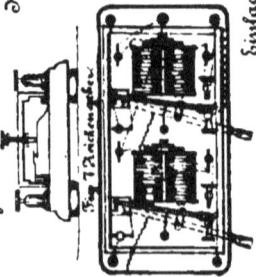

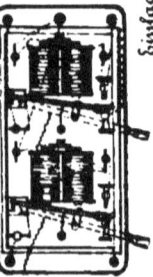

Fig. 1.
Ansicht.
(Rückseite)

Glockenhäuser und
der braunschweigisch

Fig. 1.
Hölzernes Glockenhaus.
Schnitt.

Fig. 5.
Vertikalschnitt a.b.

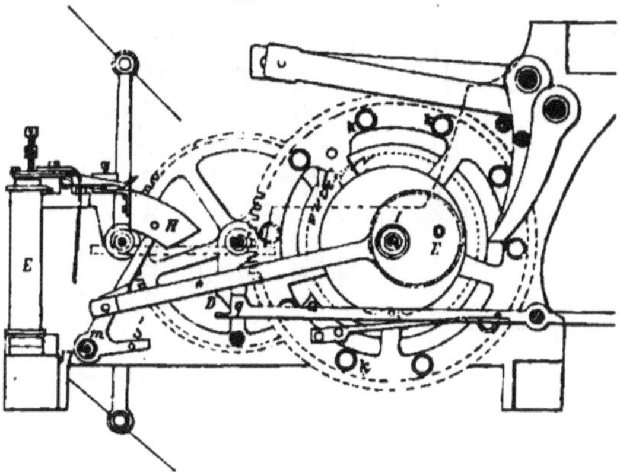

Läuter

Fig. 7.
Grundriss.

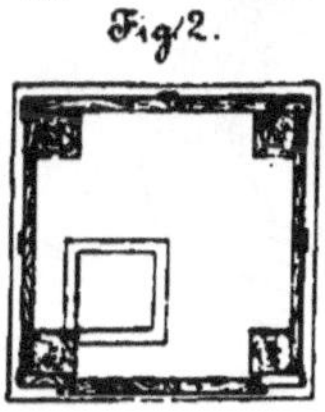

Fig. 2.

Grundriss.

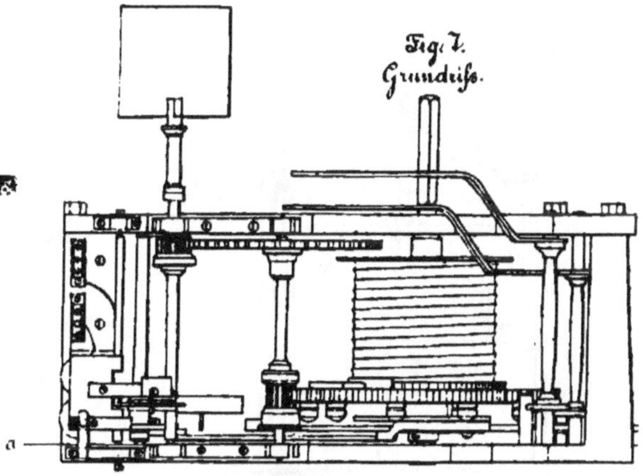

Maßstäbe
für Fig. 1–4 = 0,04.

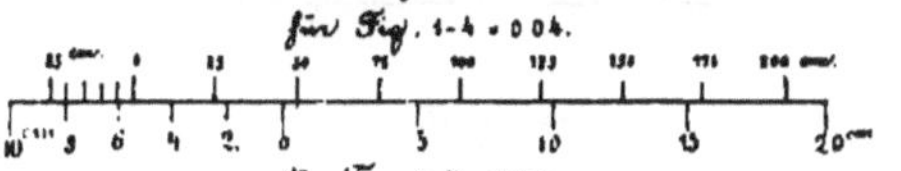

für Fig. 5–7. = 0,333.

Glockenwerke
Staatsbahnen.

k.

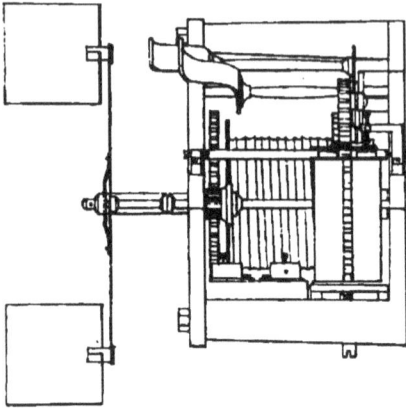

Fig 6.
Seitenansicht.

Fig 3.
Eisernes Glockenhaus.
Schnitt.

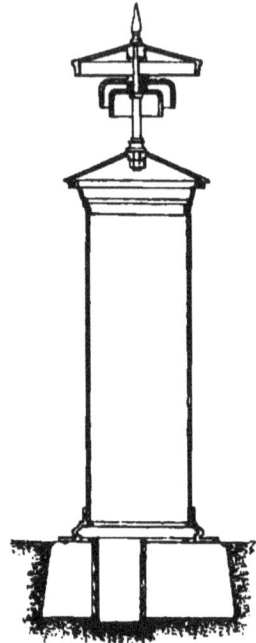

Fig. 8.
Vertikalschnitt   durch die Glocken.

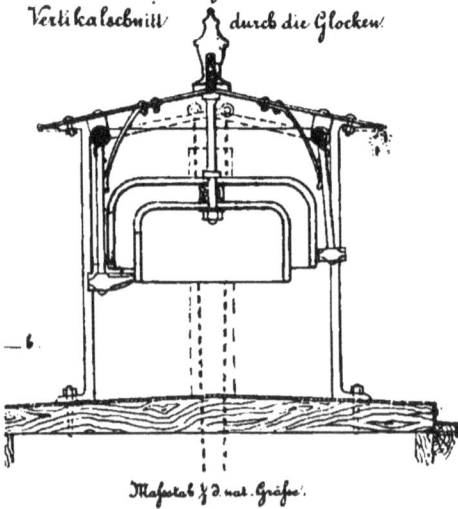

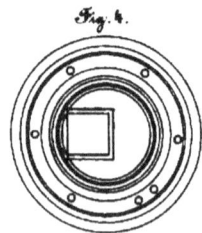

— 6.

Maßstab ⅓ d. nat. Größe.

Fig. 4.

Grundriß.

gez. von J. Schmidt.
1868.

Signalvorrichtungen für Eisenbahnen.

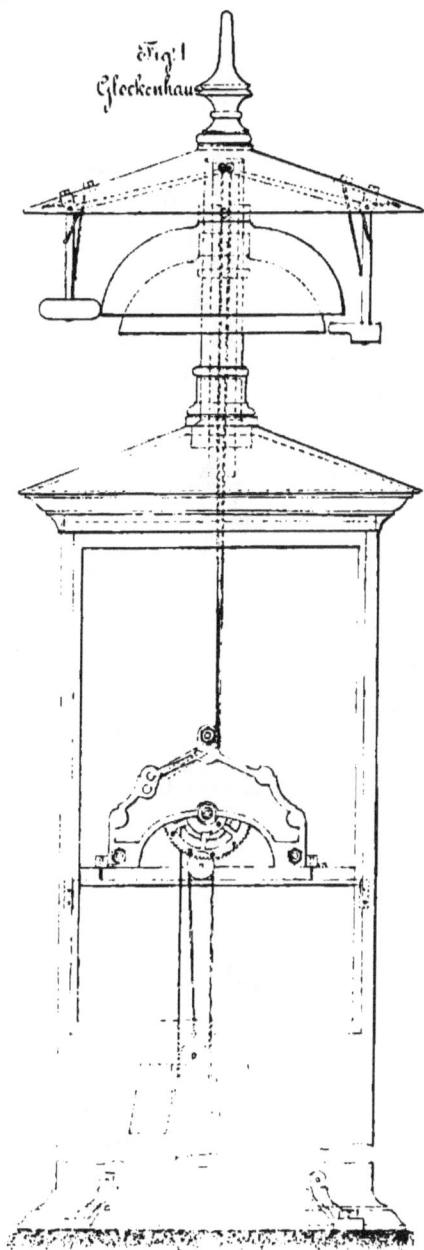

Fig. 1
Glockenhaus

Glockenhaus an
(Siemens und

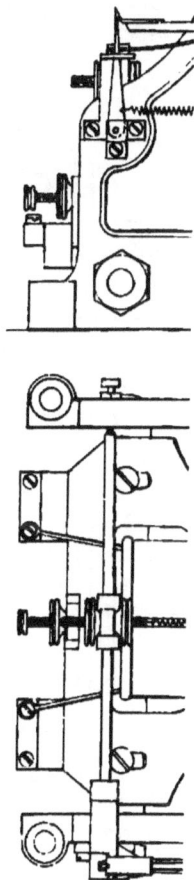

Maasstab ⅛ mal Große

Glockenwerk.
(Schaloke.)

Fig. 2. Ansicht des Läutewerks

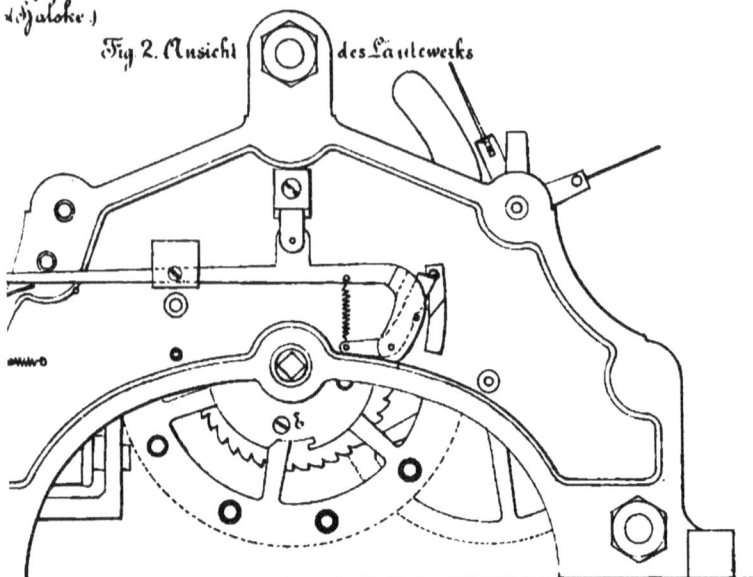

Fig. 3. Grundriß des Läutewerks

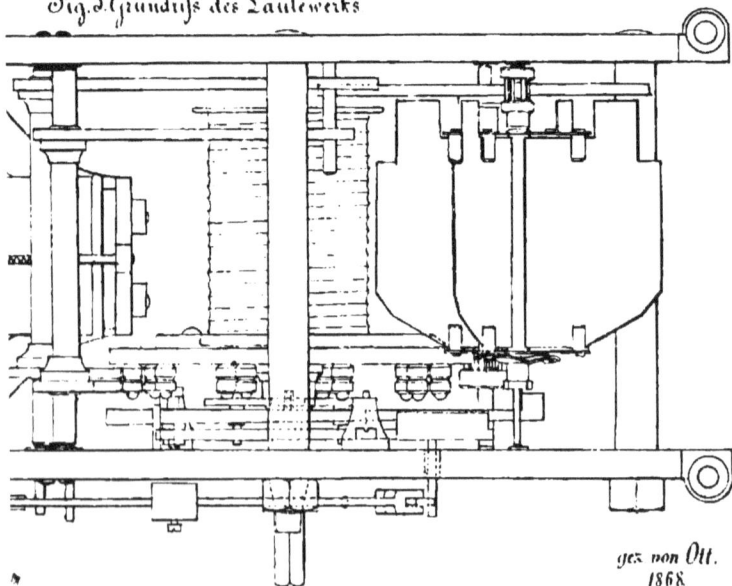

gez. von Ott.
1868

Maaßstab ½ nat. Größe.

Signalvorrichtungen für Eisenbahnen

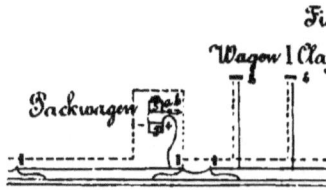

Fi

Wagon 1 Cla

Packwagen

Fig. 2. Ansicht
eines Personenwa

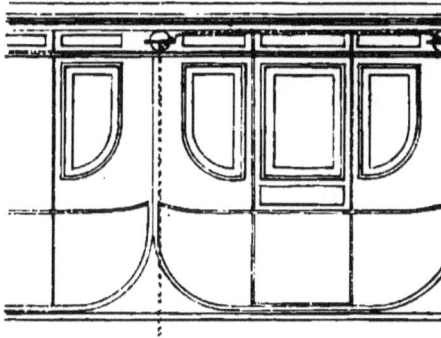

Fig. 4
Lärmdrücker.

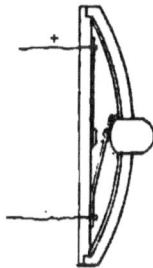

Commultator u
(Detail F)

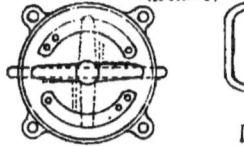

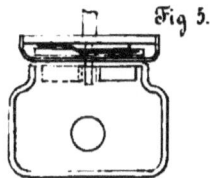

Fig 5.

www.ingramcontent.com/pod-product-compliance
Lightning Source LLC
Chambersburg PA
CBHW020254290326
41930CB00039B/1352